拾月

主编

感悟人生的指南

与人生

U0695610

主　编：拾　月
副主编：王洪锋　卢丽艳
编　委：张　帅　车　坤　丁　辉
　　　　李　丹　贾宇墨

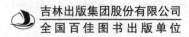
吉林出版集团股份有限公司
全国百佳图书出版单位

图书在版编目（ＣＩＰ）数据

哲学与人生：感悟人生的指南 / 拾月主编. -- 长春：吉林出版集团股份有限公司, 2016.2（2022.4重印）
（人生大学讲堂书系）
ISBN 978-7-5581-0745-0

Ⅰ. ①哲… Ⅱ. ①拾… Ⅲ. ①人生哲学－青少年读物 Ⅳ.
①B821-49

中国版本图书馆CIP数据核字（2016）第041321号

ZHEXUE YU RENSHENG GANWU RENSHENG DE ZHINAN

哲学与人生——感悟人生的指南

主　　编　拾　月
副 主 编　王洪锋　卢丽艳
责任编辑　杨亚仙
装帧设计　刘美丽

出　　版　吉林出版集团股份有限公司
发　　行　吉林出版集团社科图书有限公司
地　　址　吉林省长春市南关区福祉大路5788号　邮编：130118
印　　刷　鸿鹄（唐山）印务有限公司
电　　话　0431-81629712（总编办）　0431-81629729（营销中心）
抖 音 号　吉林出版集团社科图书有限公司　37009026326

开　　本　710 mm×1000 mm　1 / 16
印　　张　12
字　　数　200 千字
版　　次　2016 年 3 月第 1 版
印　　次　2022 年 4 月第 2 次印刷

书　　号　ISBN 978-7-5581-0745-0
定　　价　36.00 元

如有印装质量问题，请与市场营销中心联系调换。0431-81629729

"人生大学讲堂书系" 总前言

　　昙花一现，把耀眼的美只定格在了一瞬间，无数的努力、无数的付出只为这一个宁静的夜晚；蚕蛹在无数个黑夜中默默地等待，只为了有朝一日破茧成蝶，完成生命的飞跃。人生也一样，短暂却也耀眼。

　　每一个生命的诞生，都如摊开一张崭新的图画。岁月的年轮在四季的脚步中增长，生命在一呼一吸间得到升华。随着时间的推移，我们渐渐成长，对人生有了更深刻的认识：人的一生原来一直都在不停地学习。学习说话、学习走路、学习知识、学习为人处世……"活到老，学到老"远不是说说那么简单。

　　有梦就去追，永远不会觉得累。——假若你是一棵小草，即使没有花儿的艳丽，大树的强壮，但是你却可以为大地穿上美丽的外衣。假若你是一条无名的小溪，即使没有大海的浩瀚，大江的奔腾，但是你可以汇成浩浩荡荡的江河。人生也是如此，即使你是一个不出众的人，但只要你不断学习，坚持不懈，就一定会有流光溢彩之日。邓小平曾经说过："我没有上过大学，但我一向认为，从我出生那天起，就在上着人生这所大学。它没有毕业的一天，直到去见上帝。"

　　人生在世，需要目标、追求与奋斗；需要尝尽苦辣酸甜；需要在失败后汲取经验。俗话说，"不经历风雨，怎能见彩虹"，人生注定要九转曲折，没有谁的一生是一帆风顺的。生命中每一个挫折的降临，都是命运驱使你重新开始的机会，让你有朝一日苦尽甘来。每个人都曾遭受过打击与嘲讽，但人生都会有收获时节，你最终还是会奏响生命的乐章，唱出自己最美妙的歌！

— 1 —

正所谓，"失败是成功之母"。在漫长的成长路途中，我们都会经历无数次磨炼。但是，我们不能气馁，不能向失败认输。那样的话，就等于抛弃了自己。我们应该一往无前，怀着必胜的信念，迎接成功那一刻的辉煌……

感悟人生，我们应该懂得面对，这样人生才不会失去勇气……

感悟人生，我们应该知道乐观，这样生活才不会失去希望……

感悟人生，我们应该学会智慧，这样在社会上才不会迷失……

本套"人生大学讲堂书系"分别从"人生大学活法讲堂""人生大学名人讲堂""人生大学榜样讲堂""人生大学知识讲堂"四个方面，以人生的真知灼见去诠释人生大学这个主题的寓意和内涵，让每个人都能够读完"人生的大学"，成为一名"人生大学"的优等生，使每个人都能够创造出生命中的辉煌，让人生之花耀眼绚丽地绽放！

作为新时代的青年人，终究要登上人生大学的顶峰，打造自己的一片蓝天，像雄鹰一样展翅翱翔！

"人生大学知识讲堂"丛书前言

易中天曾经说过："经典是人类文化的精华，先秦诸子，是中国文化遗产中经典中的经典，精华中的精华。这是影响中华民族几千年的文化经典。没有它，我们的文化会黯然失色；这又是我们中华民族思想的基石，没有它，我们的思想会索然无味。几千年来，先秦诸子以其恒久的生命力存活于人间，影响和激励了一代又一代人。"

人创造了文化，文化也在塑造着人。

社会发展和人的发展过程是相互结合、相互促进的。随着人全面的发展，社会物质文化财富就会被创造得越多，人民的生活就越能得到改善。反过来，物质文化条件越充分，就又越能推进人的全面发展。社会生产力和经济文化的发展是逐步提高、永无休止的历史过程，人的全面发展也是逐步提高、永无休止的过程。

青少年成长的过程本质上是培养完善人格、健全心智的过程。人的生命在教育中不断成长，人通过接受教育而成为人。夸美纽斯说："有人说，学校是人性的工场。这是明智的说法。因为毫无疑问，通过学校的作用，人真正地成为人。"不可否认，世界性的经典文化是千百年来流传下来的文化遗产与精神财富，塑造了人们的文化精神及思想品格，教育中社会性的人际生命与超越性的精神生命都是文化传统赋予的。经典的文化知识是塑造人生命的基本力量，利用传统文化经典对大学生进行生命教育不仅必要而且可能。

经典知识尤其是思想类经典，具有博大的生命意蕴，可以丰富人的精神生命。儒家经典主要有"四书五经"，讲求正心、诚意、格物、致知、修身、齐家、治国、平天下，从成己而成人，着重建构人的社会性生命。道家经典以《道德经》《庄子》为代表，以得道成仙、自然无为为旨归，侧重人的精神生命。佛教禅宗经典以《坛经》为代表，以明心见性、顿悟成佛为核要，直指人的灵性存在，侧重生命的超越性。

传统文化经典蕴含丰富的生命智慧，有利于提升人格，涵养心灵。中国传统文化蕴含丰富的人生智慧，例如道家的重生养生、少私寡欲；儒家的自强不息、厚德载物；佛家的智悲双运、自利利他等思想，对于引导青少年确立生命的价值与信念，保持良好心境，处理人际关系，提升青少年的修养，不无裨益。

为了更好地帮助青少年在人生成长过程中得到经典知识文化的滋养，使世界先进的文化知识在青少年群体中形成良好传播，我们特别编撰了"人生大学知识讲堂"系列丛书，此套丛书包含了"文化与人生""哲学与人生""智慧与人生""美学与人生""伦理与人生""国学与人生""心理与人生""科学与人生""人生箴言""人生金律"10 个方面，丛书以独到的视角，将世界文化知识的精髓融入趣味故事中，以期为青少年的身心灌注时代成长的最强能量。人们需要知识，如同人类生存中需要新鲜的空气和清澈的甘泉。我们相信知识的力量与美丽。相信在读完此书后，你会有所收获。

第 1 章　苏格拉底：认识你自己

第 2 章　笛卡尔：我思故我在

第 1 章

苏格拉底：认识你自己

一个人应该有认识自己的意识和能力。因为人们的生活是复杂多变的，认识自己，面对真实的自我，承认自己的优势和不足是每个人进军现实世界的基础和出发点。当人们意识到自己的优势时，就可以更恰当地选择自己的生活方式，给自己一个恰当的定位。

第一节　实践是认识的基础

实践是认识的基础，认识来源于实践。毛泽东指出："如果要直接地认识某种或某些事物，便只有亲身参加于变革现实、变革某种或某些事物的实践斗争中，才能触到那种或那些事物的现象，也只有在亲身参加变革现实的实践斗争中，才能暴露那种或那些事物的本质而理解它们。这是任何人走着的认识路程。"

没有实践，客观事物同认识主体就不能发生任何关系，因而也就不可能有对客观事物的反映，即认识。坚持实践是认识的唯一源泉，就必然要反对形形色色的先验论和唯心论，世上绝无"生而知之"和"不学而能"的人。

实践出真知，人的知识、才能，归根到底来自实践。这并不排除间接经验和书本知识，事实上，任何人都不可能也无必要事事都直接经历。就个人而言，认识多数是通过间接经验或书本获得的。不过，在我为间接经验者，在他人则仍为直接经验。这就是说，一切知识就其最初来源而言，仍然是实践。

用实践检验闪电的本质

美国18世纪的杰出科学家、政治家富兰克林，以其发明避雷针等电学成就而被称为"电学之父"。

在富兰克林之前，人们对雷电一直没有正确的认识。富兰克林从一次电学实验中受到启发，断定雷电是一种放电现象。为了证实自己的设想，他决心把天空的雷电引下来。在 1752 年 7 月的一个雷雨天，他和他的儿子一起做了著名的"风筝实验"。他将一块大的丝绸手帕扎到杉木条十字支架上，做成一个风筝。风筝上面固定一根向上伸出几十厘米的细铁丝，细铁丝与放风筝的细麻绳相连，麻绳下端系丝绸带，绸带上挂了一把铜钥匙。风筝穿入带有雷电的云层中，闪电在风筝上闪烁。一道闪电掠过，富兰克林觉得自己拉着麻绳的手有些麻木。他把手指靠近铜钥匙时，突然，一道电火花向他的手击去。天空的雷电被引下来了。后来他又用莱顿瓶收集了空中的雷电去做试验，证明天空的雷电和地电一样能被金属传导，能熔化金属，能点燃酒精。从此，人们认识到，闪电的本质就是大气中的放电现象。

富兰克林正是用实践检验出闪电的本质，让人们对事物有了正确的认识。

实践是认识发展的动力。由于认识来源于实践，因而随着实践由低级到高级的发展，人的认识和知识必然也随之发展。具体情形是这样的：社会实践不断给认识提出新课题，即提出新的需要，正是这种需要会成为一种巨大力量，推动认识的进步。社会实践不仅提出新的课题和需要，而且为解决课题和满足需要积累了经验、提供了手段。凭借实践提供的经验和手段，使新的问题得以解决，使认识和知识得以发展，也就是把认识引向更深处并且产生了新的知识。

实践还推动着主体思维能力的发展和增强。其原因在于，实践的发展和深化，推动着人的智力和思维能力的发展。

实践是检验认识是否正确的唯一标准。这是实践对认识起决定作用的一个重要方面。一种认识是否正确，是否具有真理性，只有通过实践的检验才能最终确定，除此之外再无别的标准。

实践是认识的最终目的。认识世界的目的，是为了改造世界。马克思主义哲学认为，重要之处在于不仅能够正确认识和解释世界，而且能够运用这种正确的认识指导实践，能动地改造世界。所以，必须坚持认识和实践的统一，坚持认识世界和改造世界的统一。以上四个方面，充分体现了实践对认识的决定作用。

认识西红柿的过程

西红柿营养丰富，富含多种维生素，是人们很熟悉的一种食物。然而，当你津津有味地吃着西红柿的时候，可知道发现西红柿的故事？

西红柿原产在南美洲茂密的森林里。但是，当地人却一直怀疑它有毒，既不敢碰它，也不敢吃，还给它起了个吓人的名字——"狼桃"。16世纪英国公爵俄罗达格里从南美洲带回来一株，献给他的情人女皇伊丽莎白。从此它便博得了"爱情的苹果"的美名，落土欧洲，世代相传，但仍然没人敢吃它一口。直到18世纪，法国的一位画家抱着献身的精神，决心对它尝试一下。据记载，他在吃西红柿之前就穿好了入殓的衣服，吃完以后就躺在床上等着上帝的召见。结果，这位画家不仅没死，而且也没有任何不适。后来经分析鉴定，发现西红柿含有多种维生素，营养丰富，于是，这种水果名声大扬，广为流传，也传入了中国。

实际上，不只西红柿，世界上许多食物、药物，都是人们备尝甘苦之后才了解其特性的。鲁迅就曾指出："许多历史的教训，都是用极大的牺牲换来的。譬如吃东西吧，某种是毒物不能吃，我们好像习惯了，很平常了。不过，这一定是以前有多少人吃死了，才知道的。"毛泽东也曾指出："你要有知识，你就得参加变革现实的实践。你要知道梨子的滋味，你就得亲口吃一吃。"亲口吃一吃，也就是亲身实践。不亲口吃一吃就不能真正了解食物的滋味，离开了实践也就谈不上任何真知。

什么是实践？实践就是人们改造世界的一切活动。其中，生产活动是最基本的实践活动，是决定其他一切活动的东西。因为没有生产实践，就没有人类，就没有其他一切社会生活。

常言道："近水知鱼性，近山知鸟音。"沿海的一些渔民，把耳朵贴在船帮上，听听水下的声音，就知道有什么鱼在附近海域游动；生活在深山老林的猎人，凭着经验就可判别各种鸟类的叫声；经验丰富的司机，听着发动机的声音，就能判断出机器正常与否。为什么他们能够做到一般人做不到的事呢？根本原因就是长期反复的实践。

人们现在懂得的一切，都是经过许多人的实践才得来的。人们为了使某些重金属的原子核发生裂变，曾经用质子做炮弹去轰击原子核，命中率低得可怜。后来，用中子轰击原子核，不仅很容易击中，而且随着原子核的分裂，还会有新的中子释放出来，使轰击原子核的反应不断进行下去，形成链式反应。人们利用核燃料分裂时释放的大量热能，建立了原子能发电站。这个道理在生活中也很常见，比如有教书的实践，才能总结育人的道理；有办工厂的经验，才能有管理工厂的知识……

人类认识发展的历史，就像接力赛跑一般，每一代人都把上一代人知识的终点作为自己知识的起点，然后把在实践中取得的新知识添加到人类知识宝库中去。社会实践一步一步由低级向高级发展，人们的认识也就越来越丰富。认识来源于实践，又反过来为实践服务，这就是认识和实践的辩证关系。

第二节　凭借哲学来认识自己

"认识你自己"是古希腊的大哲学家苏格拉底在伦理学方面提出的一个重要命题。他教导人们要"自知自己无知"，要做一个有"德行"的人。在物质日益丰富而精神状态却出现危机的今天，重温苏格拉底的"认识你自己"是具有现实意义的。

苏格拉底提出过许多深刻的思想和有价值的问题，追随他的人有很多，其中最有名的有柏拉图、色诺芬等，还有当时著名的奴隶主、贵族、思想家和政治家。苏格拉底自称是爱智者，他一生最关注的是伦理学的问题。他让人"认识你自己"，就是说要人认识"真正的我"，这个"我"是指自我的灵魂、心灵，也就是"理智"。他认为一个人应当关心自己的灵魂，因为只有灵魂或理智才能使人明辨是非。一个把自己的灵魂或理智看作至高无上的人自然能知道什么是"善"、什么是"恶"，并且能够做一个有道德的人。

认识自己的无知

苏格拉底具有朴实的语言和平凡的容貌，天生就扁平的鼻子、肥厚的嘴唇、凸出的眼睛、笨拙而矮小的身体，却有着神圣的思想。德尔斐神庙祭司传下来的神谕说，"苏格拉底是最有智慧的

哲学与人生——感悟人生的指南

人"。但是，苏格拉底却说自己一无所知。他说："我只知道一件事，那就是我什么也不知道。我像一只猎犬一样追寻真理的足迹。"

相传，苏格拉底出生的时候，不是以哭声而是以笑声向世界致敬的。少年时的苏格拉底在父亲的培养下，已雕刻出伟大的作品，受到当时卓越的政治家、雅典奴隶主民主政治的杰出代表伯利克里的赏识。但他就在取得作为雕塑家最辉煌的成就之前，转而研究哲学。用他自己的话来说，与其雕塑石头，不如塑造人的心灵。

据说，苏格拉底为了验证德尔斐神庙的神谕，对那些自认为有智慧的人进行了考察。他先后与政治家、诗人和工匠进行了交谈。他发现：政治家自以为是，实际上一无所知；他们看起来名气很大，恰恰是最愚蠢的。他还发现诗人写诗并不凭智慧，而是凭灵感。他又发现工匠因为自己手艺好，就自以为在别的重大问题上也有智慧，但这个缺点恰恰淹没了他们的智慧。苏格拉底于是领悟到：那些自以为有智慧的人恰恰是没有智慧的人；而真正有智慧的人，正是认识到自己无知的人。

苏格拉底的"无知"不是故弄玄虚的惺惺作态，更不是故作低调的自我嘲讽，而是真诚地认为自己"无知"。他之所以认为自己"无知"，是认识到：想要清楚明白地说出一个真理来，实在是太难了。

人要有自知之明，意思就是人应该知道自己的限度。古希腊人大抵也是这样理解的。

有人问泰勒斯，什么是最困难之事？泰勒斯回答："认识你自己。"那人接着问道："什么是最容易之事？"泰勒斯的回答是："给别人提建议。"这位最早的哲人显然是在讽刺世人，世上有自知之明者寥寥无几，好为人师者比比皆是。苏格拉底领会了箴言的真谛，他认识自己的结果是知道自己"一无所知"，为此受到了德尔斐神谕的高度赞扬，被称作全希腊最智慧的人。

乾隆年间，有人上书皇帝说，顺天府乡试贡院大殿匾额上的三个大字"至公堂"是严嵩所书。顺天府乡试为"北闱"，乃天下乡试第一，在这样一个为国家选拔人才的堂而皇之所，悬挂的居然是大明奸臣的手笔，一是显得大清无人，二是不利于树立以德治国的导向。乾隆一听觉得言之有理，就下令满朝能书者写这三个大字，选出最好的替代之。

除了让别人书写，乾隆自己也禁不住提起笔来。他素来好舞文弄墨，每到一地、每经一事都要吟诗作赋，挥笔题字更是手到擒来。至今乾隆留存下来的诗有一万多首，虽说精品不多，但身为皇帝，才气已然相当不错。他的书法师法颜真卿、柳公权、赵子昂、董其昌等人的正统书法风格，雄浑、厚重，充满阳刚大气的帝王之气象。在今天看来，乾隆的书法作品也是难得的上品之作。

收集了满朝文臣所书的作品，又加之自己的御笔，认真比对之后，发现竟没有一件可与严嵩所书三个字相比。乾隆叹口气，下令将所有作品尽毁，仍然将严嵩的字高高悬挂。

以乾隆一生的成就，他原本应是个非常骄傲的人，但面对前朝奸臣严嵩的题字，他竟然能就书法论书法，没有因人废字，表现出难得的清醒。这份自知之明，恰是他能成为盛世帝王的最主要原因。

哲学与人生——感悟人生的指南

每个人身上都藏着世界的秘密，所以人人都可以通过认识自己来认识世界。在古希腊哲学家中，只有哲人赫拉克利特接近了这个真理。他说："我探寻过我自己。"他还说，他的哲学只是"向自己学习"的产物。

不说认识世界，至少就认识人性而言，每个人身上的确都有着丰富的素材，可惜大多被浪费掉了。

实际上，从古到今，一切伟大的人性认识者都是真诚的反省者，他们理智地把自己当作标本，对人性有了深刻的理解。

每个人都是一个独一无二的个体，都应该认识自己独特的禀赋和价值，从而实现自我，真正成就自己。

认识自身的价值

从前，有一个老和尚和一个小和尚共同生活在山上的一座寺庙里。老和尚每天都在读书念经，小和尚每天都在砍柴挑水。

有一天，小和尚耐不住寂寞了，跑去找老和尚："师父，师父，我想读书……"老和尚看了看小和尚，什么话也没有说，回到房间里搬了一块石头出来，说："这样吧，今天你把这块石头拿到山下的集市去卖。但是记住一点：无论别人出多少钱都不要卖。"

小和尚想不通：为什么让我去卖石头，而且有人买还不许卖？

可是，没有办法，小和尚只好拿着石头下山了。

在集市里，从清晨到下午，没有一个人来瞧这块石头。

快日落的时候，有个妇女走了过来，看了看石头、又看了看小和尚，问："小和尚，你这石头是卖的吗？"

小和尚说："是啊！"

"这样吧，我出五文钱买你这块石头。因为它的样子很别致，我想买回去在丈夫写字的时候压压纸，这样纸就不容易被风吹走。"

小和尚想，一块石头能卖五文钱啊！但是，老和尚不准他卖啊！所以，小和尚只好说："不卖，不卖！"

妇女急了："我出六文钱！"

"不卖，不卖！"

妇女没有办法，只好摇摇头走了。

傍晚的时候，小和尚带着石头回到山上。

老和尚问："怎么样？"

小和尚遗憾地说："师父，今天有个妇女竟然愿意出六文钱买这块石头，但是你说不让我卖，我只能不卖！"

老和尚问："你明白了吗？"

小和尚很奇怪，回答说："不明白啊。"

老和尚笑了笑，什么也没说，搬起石头就走了。

小和尚没有办法，只好继续砍柴。

过了一个月，小和尚耐不住寂寞了，又来找老和尚："师父，师父，我不想砍柴，我想读书！"老和尚看了看小和尚，还是什么也没说，回到房间里搬出那块石头："这样吧，这次你把这块石头拿到山下的米铺老板那里去卖，但是，你要记住：无论他出多少钱都不要卖。"

小和尚想不通：还让我去卖石头啊，上次人家出六文钱都没卖！

但是，没有办法，小和尚还是带着石头下山了。来到米铺店，小和尚见到了米铺老板。

米铺老板拿着那块石头端详了半天说："这样吧！我没有多

少钱——我出 500 两银子买你这块石头！"

小和尚吓了一大跳，一块石头值 500 两银子啊！

米铺老板解释："你不要看它只是一块石头，其实，它是一块化石，我愿意出 500 两银子来买这块石头！"

小和尚连忙说："不卖，不卖！"抱着石头赶忙回去找老和尚。

见了老和尚，小和尚说："师父，师父，米铺老板说愿意出 500 两银子来买这块石头，他说这是一块化石。"

老和尚问："你明白了？"

小和尚回答："不明白。"

老和尚又是笑笑，什么也没说，把这块石头搬走了。

小和尚又没办法了，只好再去砍柴。

又过了一个月，小和尚实在受不了了，就又去找老和尚："师父，师父，我想读书，我不想砍柴，也不想卖石头了！"老和尚笑着看小和尚，还是什么也没说，又回到房间里搬出那块石头，说："这次呢，你还是去卖石头。不过，这次是卖给山下珠宝店的老板，还是记住：无论他出多少钱都不要卖！"

小和尚受不了了：这么贵的一块化石，让我三番五次地拿着去卖，还说人家出多少钱也不卖！可是，看着老和尚严肃的样子，小和尚只好小心翼翼地带着石头下山了。

来到珠宝店门口，他告诉门童，说有块石头带给老板看看。

珠宝店的老板正在睡午觉，听说有一个小和尚带石头来卖，连忙跃起，奔了出来。看到小和尚，他连忙把石头拿过来，端详了半天，问小和尚："这块石头是你的吗？"

小和尚说："是啊！"

"你是这个山上的小和尚吗？"

"是啊！"

"是老和尚让你来卖的吗？"

"是啊！"

珠宝店老板叹了口气，说："这样吧，我也没有多少钱。我只有三家珠宝店、两家当铺和一些田产，我愿意拿我所有的财产来换这块石头！"

小和尚吓得"扑通"一声跌倒在地上："这么值钱啊！"

珠宝店老板解释："你不要看它是一块普普通通的石头，其实，它只是外面包裹了一层石头，里面是一块无价的宝玉。就好像古代的'和氏璧'一样，在买开采前只是外表被掩盖了而已。"

小和尚恍然大悟，抱起石头就飞奔着回山上了。从此以后，他静心按照老和尚的旨意做事，最终成了有名的禅师。

看起来不起眼的石头，其实是价值连城的宝物。人也是一样，每个人都有着各自独特的价值所在。因此，要认识到自身的价值，挖掘内在的宝藏。

在一定意义上，可以把"认识你自己"理解为认识最内在的自我，那才是成为"真我"的核心和根源。认识了自我，心中就有明悟，知道怎样的生活才是合乎自己本性的，明白究竟应该要什么和可以要什么。

事实上，人们平时做事和与人相处，那个最内在的自我始终是在表态的，只是往往不被留意罢了。那么当人们留意时，不论做什么事或与什么人相处，都会发自内心深处地感到喜悦或者感到厌恶，那便是最内在的自我在表态。就此而论，知道自己最深刻的好恶就是认识自我，而一个人在这个世界上倘若有了自己真正钟爱的事和人，就可以算是在实现自我了。

第三节　认识是为了接纳真实的自我

一个人应该有认识自己的意识和能力。因为人们的生活是复杂多变的，认识自己，面对真实的自我，承认自己的优势和不足是每个人进军现实世界的基础和出发点。当人们意识到自己的优势时，可以更恰当地选择自己的生活方式，给自己一个恰当的定位。

随着科技力量的兴起，许多关于人的各种智能的测试也应运而生，但是否可以不用这种方法就可以明白自己的优势与劣势之所在，确定自己的发展方向呢？其实是可以的，只要善于思考，善于反省。

反省是人类提高自己的能力、重新认识自己的有效途径。善于思考和反省的人有对自己思想的更新能力，他们会随着自己在生活中的经历不断校正自己的航向，逐渐完善自己，充实自己，让自己成为一个完美的人。更可贵的，是善于反省自我的人有勇气面对自己的缺点，敢于剖析自己的灵魂，能够认识到自己的不足并在必要的时候放下自己的架子，在别人面前承认自己的错误，这样的人是可贵的人，是真实的人，是成功的人。

认不清自己就容易迷失自我

然然心地很善良，刚从学校毕业的时候，对自己、对社会都不是很了解。她听从了父母的安排，嫁给了现在的丈夫。她的丈夫是一个很细心的人，很顾家，就是脾气有点儿急。按理说，他们应该是很好的一对，但事实却不尽人意，婚后最初的一段时间里他们也很融洽，但好景不长，结婚不到两年，他们各自身上的缺点就暴露无遗。于是，两人之间的争吵也就成了家常便饭，闹得双方父母都难安心。身边的朋友都为然然惋惜，因为她本该是一个生活得很幸福的女人。可是因为她对自己的认识不够，所以活得很累，就像是一个从来就不知道自己站在哪，该往哪走的迷途的孩子。

然然的朋友都觉得她很固执，也很偏激。在内心里，她觉得自己永远都是对的，不愿听任何人的劝告。在工作的过程中她屡屡碰壁，可她仍然认为自己的能力很强，只是运气不够好，却不会考虑自己是否有什么地方需要改进和调整。实际上，由于教育和阅历的限制，她的交流方式很难让一般人接受。所以，她无形中就会让自己陷入一个很被动的包围圈，这便是她工作屡屡受挫的原因。然然一直觉得自己很漂亮，很年轻，和老公离婚之后可以再找一个更好的人，可以有更幸福的生活。但她似乎忘了，现实并没有她想的那么简单，而且，她没有倾城倾国的容貌，也不再年轻。

可以说，然然是自己毁了自己的生活。因为没有正确地认识自己，也就没能接纳真实的自己，所以她无法抓住自己该有的幸福，这是一种与幸福擦肩而过的悲哀。

一个人应该有认识自我的能力，这是必要的，也是必需的。没有这种能力，人就很难找到自己的位置，也很难有所成就。所以，每个人都应该学会认识自己，剖析自己，明确自己的方向，面对真实的自我。

哲学与人生——感悟人生的指南

一个人除非接受自己，否则就没有真正的成功和快乐。世界上最痛苦可怜的人，是那些拼命让自己和别人相信其假象的人。任何一个人，一旦放弃虚伪和做作，愿意接纳真正的自我时，内心的满足和快慰是无法形容的。成功来自于自我实现，那些拼命模仿"成功人士"的人往往是徒劳无功的。当放松下来，接纳真实的自己时，成功反而会降临。

人在正确地认识自己之后，就会了解最真实的自我。这个时候，我们可能就会发现，自己并没有那么美好、聪明、强壮、能干，但是我们要勇于接受这个真实的自我。

接纳真实的自我，也就要和自己和谐相处。自我就是每个人本来的样子，加上自己的优点、缺点、失误以及所有的力量。只要我们能认识到这些属于自己的特点，就比较容易接受自己。许多人都不愿坦然地接受自己，是因为他们念念不忘自己的错误。犯了一个错，这并不代表你就是那个错误；或许你没能适当地表现自己，但这并不代表自己是不好的。

每个人必须接纳真正的自我，包括自己的不足之处，因为它是唯一的工具。

接纳真实的自我—从认识自己开始，了解自己的优点和缺点，接受自己的不足。不要因为自己的缺点就憎恨自己。把"自我"和行动分开，谁都不会因为犯了一个小错就一无是处，就像打字机不会因为被打错一个字就一无可取，小提琴不会因为被拉错一个音符就失去价值。不要回避自己的不足，世上没有完美无缺的人；而假装完美的人，都是在自欺欺人。

保持自己的本色

　　伊笛丝·阿雷德太太从小就特别敏感而腼腆，她的身体一直过胖，而她的脸使她看起来比实际还胖得多。伊笛丝有一位很古板的母亲，她认为把衣服弄得漂亮是一件很愚蠢的事情。她总是对伊笛丝说："宽衣好穿，窄衣易破。"母亲总照这句话来帮伊笛丝穿衣服。所以，伊笛丝从来不和其他的孩子一起做室外活动，甚至不上体育课。她非常害羞，觉得自己和其他人都"不一样"，完全不讨人喜欢。

　　长大之后，伊笛丝嫁给一个比她年长几岁的男人，可是她并没有改变。她丈夫的一家人都很好，也充满了自信。伊笛丝尽最大的努力要像他们一样，可是她做不到。他们为了使伊笛丝能开朗地做每一件事情，都尽量不纠正她的自卑心理，这样反而使她更加退缩。伊笛丝变得紧张不安，躲开了所有的朋友，情形坏到她甚至怕听到门铃响。伊笛丝知道自己是一个失败者，又怕她的丈夫会发现这一点。所以每次他们出现在公共场合的时候，她都假装很开心，结果常常做得太过分。事后伊笛丝会为此难过好几天。最后不开心到使她觉得再活下去也没有什么意思了，伊笛丝开始想自杀。

　　后来，是什么改变这个不快乐的女人的生活呢？只是一句随口说出的话。

　　随口说的一句话，改变了伊笛丝的整个生活。有一天，她的婆婆正在谈自己如何教育孩子。她的婆婆说："不管事情怎么样，我总会要求他们保持本色。"

　　"保持本色！"就是这句话！在那一瞬间，伊笛丝才发现自己之所以那么苦恼，就是因为她一直在试着让自己进入一个并不适合自己的模式。

伊笛丝后来回忆道："在一夜之间我整个人都改变了。"

"我开始保持本色。我试着研究我自己的个性和优点，尽我所能去学色彩和服饰知识，以适合我的风格去穿衣服，主动去交朋友。我参加了一个社团组织，起先是一个很小的社团——他们让我参加活动，我吓坏了。可是我每一次发言，就增加了一点儿勇气。今天我所有的快乐，是我从来没有想到可能得到的。在教养我自己的孩子时，我也总是把我从痛苦的经验中学到的结果教给他们——不管事情怎么样，总要保持本色。"

在这个世界上，每个人都是独一无二的。因此，人人都有理由保持自己的本色。不要再浪费任何一秒钟去忧虑自己与其他人的不同。应该尽量利用大自然所赋予你的一切。不论如何，每个人都得自己创造自己的"小花园"；不论好坏，每个人都得在生命交响乐中演奏自己手中的乐器。

第四节　正确认识自己的能力

一个人认识自己的过程是艰难而又曲折的，只有走出了人生的重重迷宫，才能找到自己、认识自己。先不提了解别人有多么困难，仅说真正彻底地了解自己就是件很不容易的事。

人们对于自己的优点都很敏感，而对于自己的缺点却容易疏忽。你的真正专长是什么？最大的缺陷是什么？往往自己也拿不准。

老子曰："自知者明。"苏格拉底说："认识你自己。"东西方哲人们几千年前说的话竟然是如此相似。可见，认识自我对于每个人的人生成长和发展是十分重要的。

认识自己的优点

有很多人认为，认识自我就是认识自己的缺点。于是，有很多人在机会到来的时候没有采取任何行动，他们会说："我的能力恐怕不足，何必自找麻烦！"认识到自己的缺点固然是很好的，可以此来谋求改进。但如果只认识自己的消极面，就会陷入混乱，让自己失去价值。因此要正确、全面地认识自己，首先就不能看轻自己，还要认识自己的优点，要正确评估自己的优点。

所谓的优点，就是自己的才干、能力、技术与人格特质，这些优点也就是一个人能有贡献、能继续成长的要素。总是有人觉得自己说自己的优点是不对的，会显得太不谦虚。其实，自己在某些方面确实有优点，却要去否定它，这种做法既不符合人性，也不诚实。肯定自己的优点绝不是吹牛，相反的，这才是诚实的表现。

要想清楚自己的优点，首先需要重视自己，要塑造自己对自己的好印象。如果能用积极的心态看自己的过去，用积极的心态看自己的现在，就会用积极的心态去规划自己的将来。必须仔细地观察自己，发现自己具有哪些优良的特质，这些特质也是每个人本质的一部分，这些都是自己的优点，而优点就是力量，优点能使自己更自由、更自在。

认识自己，成就自己

　　命运是把握在自己手中的。每个人都有选择人生方向的机会。能否选择适合自己的方向，关键是要看对自己的认识是否准确。认识自己，首先要正确地认识到自己的长处，这关系到自己做出正确选择和确立自信心。但认识自己最难的事还在于要认识到自己的短处，大多数人都习惯于自以为是，不愿意否定自己，看不到自己存在的缺点和不足。所以，古人说："人贵有自知之明。"一个"贵"字，道尽了自知之不易。

　　彻底盲目的人，是不了解自己的人。牛顿说他看得远，那是因为他站在巨人的肩膀上。这句话既是自谦之词，也是自知之语。只要心中有一把客观的尺子，不夜郎自大，不妄自菲薄，自会与进步结伴，不和落后同行。

　　有这样一个寓言故事，可以给人们以启迪：

　　　　森林中，动物们正在举办一年一度关于比"大"的比赛。老牛走上台来，动物们高呼："大。"大象登场表演，动物也欢呼："真大。"这时，台下角落里的一只青蛙气坏了。难道我不大吗？它一下子跳上一块巨石。拼命鼓起肚皮，同时神采飞扬地高声问道："我大吗？"

　　　　"不大。"台下传来的是一片嘲讽的笑声。

　　　　青蛙很不服气，继续鼓着肚皮。随着"嘭"的一声，肚皮破了。可怜的青蛙，到死也还不知道自己到底有多大。

还有一个与认识自己有关的故事：

　　有一位登山队员参加了攀登珠穆朗玛峰的活动，到了7800米的高度时，他体力不支，停了下来。当他讲起这段经历时，朋友们都替他惋惜，为什么不再坚持一下，再咬紧一下牙关，爬到顶峰呢？

　　"不，我最清楚，7800米的高度是我登山生涯的最高点，我一点儿也不为此感到遗憾。"他说道。

　　寓言故事中的青蛙错误地评估了自己，所以受到了命运的惩罚；登山队员正确地认识自己，所以他安然无恙。了解自己，是一种明智、美好的境界。

　　很多现代人都有一种通病，那就是忽视了解自己。有些人往往在还没有衡量清楚自己的能力、兴趣、经验之前，便一头栽进了一个过高的目标——这些目标往往是为了与他人攀比，而不是根据自己的客观情况制定出来的。所以，他们每天要受尽辛苦和疲惫的折磨，却难以获得成功。

　　人与人是有差异的。有的人聪明，有的人平庸；有的人强壮，有的人羸弱。每个人的性格、能力、经验也各不相同。只有依照自己的潜能去发展，才能获得最大的成就。

　　那么，如何才能做到清楚地认识自己呢？俗话说："旁观者清，当局者迷。"苏东坡在《题西林壁》诗中也写道："横看成岭侧成峰，远近高低各不同。不识庐山真面目，只缘身在此山中。"人们看不清自己，就和身在庐山中反而却看不清庐山真面目是一个道理。要想具有自知之明，就必须跳出自我的小圈子，站在旁观者的立场来分析和评价自己。

　　客观地评价自己必须要消除自负的心理。自负心理总是过高估计个人的能力，使人丧失自知之明。这样的人总是心高气傲，爱抬高自己、贬低别人，固执己见、唯我独尊。他们喜欢凭着一点儿资本到处卖弄，结果受害的总是自己。

1929 年，乔·吉拉德出生在美国的一个贫民窟，他从懂事起就开始擦皮鞋，做报童，后来又做过洗碗工、送货员、电炉装配工和住宅建筑承包商等。35 岁之前，他算是一个货真价实的失败者，朋友们都离他而去，他还欠了一身的外债，连妻子、孩子的温饱都成了问题。同时他还患有严重的语言缺陷症——口吃，换了几十份工作仍然一事无成。看到自己的生活与别人的差距逐渐拉大，看到以前的朋友换上了新车而自己依然是一无所有，看到了别的家庭都其乐融融地准备着圣诞晚餐，而自己的妻子还在为用少得可怜的蔬菜能做些什么出来而犯愁，乔·吉拉德为此感到沮丧，同时他也觉得要为改变这种生活做些什么了。于是，他开始卖汽车，步入了推销生涯。

刚刚接触推销业务时，他反复多次地对自己说："你认为自己行就一定能行。"他相信自己一定能够做得到，他以极大的专注和热情投入到推销工作中，只要一碰到人，他就把名片递过去，不管是在街上还是在商店里，他抓住一切机会，推销他的产品，同时也推销他自己。三年以后，他成为了全世界最伟大的销售员！谁能想到，这样一个不被人看好，而且还背了一身债务、几乎走投无路的人，竟然能够在短短的三年内被吉尼斯世界纪录评为"世界上最伟大的推销员"。他至今还保持着销售昂贵产品的空前纪录——平均每天卖 6 辆汽车！他一直被欧美商界称为"能向任何人推销出任何商品"的传奇人物。

乔·吉拉德做过很多种工作，但屡遭失败。最后，他把自己定位在做一名销售员，他认为自己更适合、更胜任做这项工作。

事实上，正确认识自己是一件很困难的事情，尤其是认识自己的短处就更加困难。但是，一个能正确认识自己的人，就能够不断完善自己、成就自我，并充满自信、快快乐乐地享受生活和工作。

第五节　知道自己想做什么

人生在世，做什么不重要，最重要的是要明白自己为什么做这些，自己的追求是什么。活出自我，在心中保留一块净土，播种人生的希望。"清水出芙蓉，天然去雕饰"，"自我"不需要刻意改变什么，顺其自然就是"自我"。人生如戏，每个人都是主角，不必模仿谁，每个人都是独一无二的。有梦想就大胆地追求，失败了也不要放弃。活出自我，人生才能精彩。

德国哲学家莱布尼茨说过，世上没有两个完全相同的事物，哪怕是孪生兄弟都会有区别。经过科学论证，也的确如此。就拿人的双手来说，世界上没有一双是相同的，因为每个人的指纹都是不一样的。任何自然形成的事物都有与众不同的地方，任何生命都有自己独特的个性。正因为个性的存在，才构成了五彩斑斓的生命，才有了形形色色的社会。一个人如若失去个性，生命的意义将是一片空白。找出自己的兴趣所在，选择一份自己喜欢的工作，知道自己想做什么，这样才不枉在人世走一遭。

哲学与人生——感悟人生的指南

选择自己想走的路

迈克尔的父亲是一家洗衣店的老板，他希望儿子能出人头地，长大后比自己有更大的作为。虽然他做了种种努力，迈克尔却丝毫也没听进去。于是，洗衣店老板改变策略，他将儿子安排在洗衣店，并且逢人便宣传，他要让儿子继承自己的事业，接管这家店铺。

一开始，迈克尔并没有觉得父亲这样做有什么不好，但慢慢地，他开始觉得这是一件没有任何创意的工作，单调枯燥、千篇一律。他感到厌烦，接着便是痛恨，最后终于发展到怠工，甚至旷工。

这时，他的父亲开始跟他谈判，明确告诉他，如果他不愿意在洗衣店做下去，唯一选择只能是机械厂，不但挣钱少，而且是又脏又累的行当。

为了摆脱困境，迈克尔毫不犹豫地答应了。当他到了机械厂后才发现，事情比自己想象的还要糟糕，那油腻的工作服和一天十多个小时的工作时间自不用说，更要命的是这里的一切对他来说话全都是陌生的，他必须像一个小学生似的从头开始。然而，他心里也明白，后退是没有出路的，也是不可能的。于是，他横下一条心，将全部精力和时间都扑在了工作上。几年过去，他不但熟悉了一般的操作技术，而且还选修了机械工程、引擎制造等多门专业课程，他制造的"空中堡垒"轰炸机，在第二次世界大战中发挥了巨大的作用，他自己也理所当然地成为公司的总裁。

迈克尔知道自己不愿意继承父亲洗衣店的事业，选择了另外一条路。正是因为他通过实际工作，对自己产生了正确的认知，进而知道了自己内心到底想做什么，才取得了后来的成就。

遵从内心的指示

伊森生在一个大家庭里，这个家庭在蒙大拿州成功地经营着一座奶牛场，至今已有三代。同邻居、朋友们一样，伊森也热爱土地和牲畜。他十分看重农场生活，打算长大后继续从事畜牧业。他在附近的一所学院中学习农业管理，放假期间就在农场上做工。

自从伊森在学院选修了一门潜水课之后，他的生活目标便发生了变化。他曾在学校的游泳池和一条宽阔的河流中做过潜水练习，他还跨过两个州到海边去训练。在此之前，伊森从未学习过游泳，他所面临的主要挑战是：课程要求学员能游一英里的距离。他不得不选修了一门游泳作为辅助课程，还每天坚持跑步（这也不是他喜好的运动项目），以便能够达到通过考试所需的体能要求。

童年时代，伊森曾看过雅克·库斯托在电视上主持的海底世界节目，这给他留下了深刻的印象。这位法国海洋地理学家在海底似乎比在陆上更加安然，他在海底的探险活动以及发明深深地打动了伊森。伊森开始越来越多地思考着海底这个迷人的王国。他阅读着能够到手的每一本有关海底世界的图书；为了满足日益增长的兴趣，他还另外订购了有关的文学作品。他梦想着有朝一日能去有珊瑚礁的水域探险，识别那些美丽、奇特的鱼种。他以惊奇、赞叹的心情谈论着大海，对大海的知识也在不断增长。他急切地盼望着能到热带水域探险。春假期间，他取出自己的积蓄，乘飞机到开曼群岛潜水——这次探险为他打开了一个崭新世界的大门。

伊森的家人认为，他的这个爱好不过是暂时的兴趣，就像其他人一样，几年之后就会过去的。然而，当伊森着手调查美国的潜水学校时，他们开始有些担心。伊森的兴趣与他们的生活毫无关联，因而他们怀疑他的兴趣是否可行。家人很爱伊森，但他们把伊森的爱好看成是异想天开，浪费钱财。跟其他许多年轻人一样，伊森对家庭怀着很深的爱与珍惜，十分看重家人的意见。但是他的志向与家人的意见产生对立，他感到非常痛苦。另外，潜水学校远离家乡，要去求学，他肯定会十分想家。

最后，他终于做出决定：选择了一所他认为最好的学校，寄出了他的入学申请。学费十分昂贵，为了积攒学费，他不得不努力打工。他生活得十分简朴，以便尽快攒够学费。由于很少有人理解和支持他，他被人视作"特别"的人。随着时光的流逝，他遇到过种种挫折，学业一再拖延。有多少次，他的梦想似乎离他远去。他怀疑是否环境在告诫他应放弃理想，去寻求更"现实"的人生目标。然而，他清楚地知道他的理想是什么，并努力地坚持着。

三年过去了，伊森终于进入了潜水学校。他学习十分刻苦，并以优异的成绩完成学业，还优先获得学校的举荐，在巴哈马群岛的一处旅游胜地做潜水员。他在那里取得了宝贵的实践经验，之后又被聘回母校做教员。在有了一段教学经验之后，他获得了教练资格。教学之余，伊森还学习其他课程，他又发现自己对海洋科学方面问题的兴趣，这也给他开辟了广阔的发展前景。

他的成功经过进一步充实，又引来新的成功。在他27岁这一年，人们已将他视为这个领域的顶尖人物。他不仅继续从事教师职业，还给报刊撰写文章；他与人合伙开办了一家潜水用具商店，到各地去做商业性表演；他给自己配备了全套的潜水设备，并且成为卓有建树的水下摄影师；他接受来自世界各地的演出邀请。如今的他可以去任何想去的地方，他的工作令他感到十分愉快，也拥有很多的朋友。他的家人都为他的成就感到自豪，他也经常回去看望他们。他也许有些"特别"，但他却是他们所认识的人当中，最有趣而且是最幸福的一个！

伊森的例子很好地说明，人们应遵从内心的指示，明确知道自己想做什么，并根据当时的认识水平选择达到人生目标的最佳途径。这个例子还说明，应将自己的全部注意力集中到自己想做的事上，就像让阳光通过凸透镜集中到一点，直至达到燃点。某种强烈的愿望一旦被"聚光"，就将发挥出巨大的威力，展现出自己的愿望和理想的光辉。甚至，困难本身也会为一种前进的力量。

真正做自己不是一件容易的事。世上有很多人，用什么词来描绘他都可以，例如是一种职业、一个身份、一个角色，唯独不见其自身。如果一个人总是依照别人的意见生活，总是毫无主见地忙碌，不去独立思考问题，不关注自己的内心世界，那么说他不是他自己一点儿也没有错。因为从他的头脑到他的心灵，你找不到任何他自己渴望的东西，这样的人只是别人的一个影子或一架机器而已。

每个人只有一次生命，都是独一无二、不可重复的存在。正像卢梭所说的："上帝把你造出来后，就把那个属于你的特定的模子打碎了。"名声、财产、知识等都是身外之物，人人都可求而得之，但没有人能够代替你感受人生。一旦死去，一切便告终结。如果能真正意识到了这一点，就会明白，人生在世，最重要的事就是找出自己想做的事情，活出自己的特色和滋味来。一个人的人生是否有意义，衡量的标准不是取得了多少财富，而是是否拥有对人生意义的独特领悟和个性的坚守，从而使自我绽放出个性的光芒。

第六节　认识自己，方能认识人生

　　泰勒斯说："认识你自己—这是一个人离苦得乐的唯一路径。"苏格拉底也说："认识自己，方能认识人生。"人是什么？我是谁？是每个人都需要解答的首要问题。

　　在湖南郴州市小东江的江心，有一座小孤山。孤山上建有一座庙宇，它上面刻着一副对联。上联："我是谁"；下联："谁是我"。这两个问题概括了对人生和宇宙真相的无尽思悟，也是在"认识自己"。

　　在北京石景山区有个慈善寺，清世祖顺治皇帝在该寺出家，写了一首《归山偈》："来时糊涂去时迷，空在人间走一回。未曾生我谁是我？生我之时我是谁？长大成人方是我，合眼朦胧又是谁？不如不来亦不去，也无欢喜也无悲。"这也是对"认识自己"的一种追问和回答。

认识人生的艰难

伟大的哲学家康德出生在贫穷之家，13岁丧母。上大学后，父亲去世，还没毕业的康德失去了经济来源，弟弟妹妹没人抚养。康德不得不退学，当了11年家庭教师，借此养活弟弟妹妹和自己。在这种谋生度日、前途迷茫的境况下，康德内心却十分清楚地知道自己生命的禀赋和目标。他以其天赋和思索，在22岁写作发表了《关于生命力的真实估计之思考》，在前言中他表达了自己生命潜质的发展方向。他说："我已经画出了我将要坚持不懈的道路。我将上路，没有什么能阻碍我沿着这条路走下去。"30多年后，康德的不朽名著《纯粹理性批判》横空出世，震惊哲学界。康德也成为人类几千年历史上最伟大的哲学家之一。

康德正是认识到自己的情况，明白了人生的艰难，才能进而在努力拼搏、养家糊口之余，将人生中的种种机遇，转化为施展天赋的动力，从而实现了自己的人生价值。

认识自己，给人生定位

连任四届美国总统的罗斯福这样认识自己："我没有任何专长，每一方面都属于中间水准。有的比水准稍高，有的比水准稍低。比如体能方面，我跑得不快，游泳也勉强；骑马比较内行，但是离赛马的技术还很远。我的眼力很差，射击往往落空。因此我在体能方面，只是泛泛之辈。在文艺方面，亦如此。我这一生虽然写过不少东西，但是每一篇文章都涂涂改改，苦不堪言。"

罗斯福正确地认识自己，从而正确地给自己的人生定位，扬长避短，最终成为优秀的政治家。

很多人也许都面临这样一个问题：不能够全面地认识自己。可能工作了好几年，却发现自己根本就不适合这个行业。一个人的成功过程就是一个不断自我认识的过程，一个人对自己的认识是伴随着年龄的逐渐增长和阅历的不断丰富而完成的。虽然自我认识不是一件容易的事情，但每个人完全有能力正确地认识自我。因为只有正确地认识了自我，才可以做出适合自己的决断和选择，才能把握机会，创造成功人生。

要读懂人生，先读懂自己

小蜗牛问妈妈："为什么我们生下来就要背着一个又硬又重的壳呢？"

妈妈说："因为我们的身体没有骨骼的支撑，只能爬，又爬不快。所以要这个壳的保护啊！"

小蜗牛说："毛虫姐姐没有骨头，也爬不快，为什么它却不用背这个又硬又重的壳呢？"

妈妈说："因为毛虫姐姐会变成蝴蝶，天空会保护它呀！"

小蜗牛又问："可是蚯蚓弟弟也没有骨头爬不快，也不会变成蝴蝶，它为什么不背壳呢？"

妈妈回答说："因为蚯蚓弟弟会钻土，大地会保护他啊！"

小蜗牛哭了起来："我们好可怜，天空不保护，大地也不保护。"

蜗牛妈妈意味深长地安慰它："所以我们有壳呀！我们不靠天，也不靠地，我们只靠自己。"

是的！我们不靠天，我们不靠地，我们要靠自己。

其实，认识人生，就是认识自己；要想读懂人生，就得先读懂自己。

有人把自己当作人生的主角，便感觉自己独立自主地存在着，努力去演出；有人把自己当作人生的配角，总以为自己微不足道，殊不知缺少了自己，故事就会单调乏味；有人把自己当作人生的观众，在别人的故事里旅行，而不知道挖掘自己的能量。但强者会把自己当作生活的编导，生活态势由自己操纵，故事情节由自己安排，从而演绎出了灿烂的人生。

庄子云："天地与我并生，万物与我为一。"庄子认为，人只有做自己的"主人"才能在任何时候、任何环境保持心灵的自由，压不倒，摧不垮。有主见和信念的人，知道自己需要什么，恪守什么，"胜不骄，败不馁"。所以要把自己当作人世万物的主角，要由自己来编排自我的人生舞台。

人生像一首诗，写满了悲欢离合，却挥不走哀愁离伤；人生如一场旅行，偶尔有一处美景，就会让人回味无穷；人生更像一张白纸，需要自我奋斗，为之增光添彩。我们只有正确地认识自己，才能更好地认识人生。

老子告诫人们："知人者，智；知己者，明。"做人最贵的是"自知之明"。然而，"聪明人"很多，他们习惯于揣摩别人的心理和处事准则，于是对别人了如指掌，对自己反倒是一知半解。因而说"知人易，知己难""不识庐山真面目，只缘身在此山中"。如果对自己多一分了解，对生命就会多一分正确的认识。

认识自己方能更好地认识人生，驾驭人生，做自己人生的主人。与其挖空心思去揣摩别人的喜好，还不如好好认识自我。一个了解自己的人，才能更好地经营自己的人生。

第 2 章

笛卡尔：我思故我在

思想促使人的性格形成，并通过性格表现出外在的精神风貌。身体是思想的奴隶，它听从思想的指挥。如果负担着罪恶的思想，身体就会很快衰败和腐坏；如果在愉快、坚强的信念支持下，身体就会充满激情澎湃的青春活力。

第一节　思考要以事实为依据

思考是最珍贵的礼物

思想是"神给人最大的赏赐，是最特别的礼物"，思想也是人有别于动物的最显著标志。

传说神最先创造的是动物，赏赐给它们的有的是力量，有的是速度，有的是翅膀。而在创造人时，人却裸露着身体，一无所有。

人对神说："你就不给我一点赏赐吗？"神说："你难道没见到赐予你的礼物？那才是最大的礼物。因为你有思想，思想是有力的、迅猛的，而且将比所有力量更有力，比最快的速度更快。"

人这才感觉到神赐予自己的礼物是最珍贵的，并向神表示敬意，很感激地离去。

思考的依据是事实。因为事实是真实的存在，脱离事实的思考就是空想。思考必须在事实的基础上展开，就是说，必须在大地之上思考。

两小儿辩日

有一天，孔子到东方游学，看到两个小孩为某件事情争辩不已，就问是什么原因。

— 33 —

一个小孩说："我认为太阳刚出来的时候离人近，中午的时候离人远。"

　　另一个小孩却认为太阳刚升起来的时候离人远，而中午时则近。

　　一个小孩说："太阳刚出来的时候像车盖一样，到了中午却像个盘子。这不是远的小，而近的大吗？"

　　另一个小孩说："太阳刚出来的时候清凉、寒冷，到了中午却像把手伸进热水里一样。这难道不是近的热，而远的凉吗？"

　　孔子也不能判断哪一个是正确的。

　　两个小孩笑着说："谁说你知识渊博呢？"

　　这个"两小儿辩日"的故事，估计很多人都知道，这个故事所阐发的意义在于：知之为知之，不知为不知，是知也。意思是说，知道就是知道，不知道就是不知道，不能假装知道，故弄玄虚。孔子这么有学问，但是面对两个小孩提出的问题，自己回答不出来，就坦诚地承认，一点儿也没有觉得没面子。

　　事实上，两个小孩提出的问题并不是普通、幼稚的问题，而是一个非常严肃的哲学问题。这个问题就是感觉的真实性问题："我们是否应该信赖我们的感觉？我们的感官会不会欺骗我们？"这个问题，在西方哲学史上争论了上千年，至今也没有一个答案。

　　从科学的角度来看，无论是早上还是中午，太阳与地球之间的距离几乎是一样的。早晨的太阳比中午时看起来大些，那是因为眼睛的错觉。比如，看白色图形比看同样大小的黑色图形，感觉要大些。这在物理学上叫"光渗作用"。当太阳初升时，四周天空是暗沉沉的，因而太阳显得明亮；而在中午时，四周天空都很明亮，相比之下，太阳与背衬的亮度差没有那样悬殊，这也是太阳在早晨比中午时看起来大些的原因。

同样，中午比早晨热，那是因为中午时太阳光是直射在地面上，而早晨太阳光是斜射在地面上。相等面积的地面和空气在相同的时间里接受太阳的辐射，正午太阳光直射时的热量较早晨太阳光斜射时多，因而受热最强。所以，中午比早晨时热。实际上，天气的冷热主要决定于空气温度的高低。影响空气温度的主要因素，是太阳的辐射强度，但太阳光热并不是使气温升高的直接原因。因为空气直接吸收的热能只是太阳辐射总热能的一小部分，其中大部分被地面吸收了。地面吸收了太阳辐射热后，再通过辐射、对流等传热方式向上传导给空气，这是使气温升高的主要原因。

由以上的分析不难看出，人们通过感官接触到的这个世界并非是那个原本真实的世界。在许多情况下，感觉是不准确的。西方的很多哲学家也是这么认为的。古希腊的哲学家巴门尼德就曾说："思想和存在是同一的。"意思是说，真实的世界，唯有靠思想才能把握。相反，眼睛看见的，耳朵听到的，尽管看起来都是真实的，其实都是骗人的。正如"两小儿辩日"这个小故事，太阳的大与小，仅凭一双肉眼是看不出来的。

必须通过理性的思考和科学的研究，才能得出正确的结论。这个结论尽管违背人的感觉，但却是无比真实的。如果只一味地跟着感觉走，结果只会离真理越来越远。巴门尼德的观点，在很大程度上影响了古希腊哲学乃至整个西方哲学的走向，造就了西方的理性主义传统。

第二节　学会思考，驾驭生命

思考是一个人每天都要做的事情，它为人活在世上赋予了重要意义，也涉及到人的一生中所接触到的所有物质和精神。可以说，人因思考而存在。性格是人的思维的综合表现。如同小鸡是从鸡蛋里孵出来的一样，人的所有行为都是从自己的头脑里出发，然后表现在具体行动上的。不光是那些经过深思熟虑的计划性的行为，就连那些被称为"无意的"和"自发性的"行为，同样也是离不开思维的。

行为是思考开出来的美丽花朵、结出来的欢乐和痛苦的果实。因此，人们播下种子，而后收获自己的果实，或者甜蜜，或者酸涩。假如一个人品行高洁，播下了充满爱和善意的种子，那么他必将收获快乐，也必然会受到尊敬。

人的成长不单单依靠累积，还要遵循生活本身的规律。正如人们所看到的，高尚的品质并非来源于神的恩赐，也不是来源于某个机遇，它是人进行长期不断否定、不断更新的思考的结果。同样，恶劣的性格也是长期的、充满恶意的思考的产物。

生存还是死亡，这都得由自己来决定。思想是一把双刃剑，它是自我毁灭的武器，也是创造美好、快乐、和平和健康的家园的工具。正确、精密、长远的思考，可以使人走向完美的殿堂，而堕落、悲观、混乱的思想，则只能将人一步步引向深渊，最后结果使人如同与野兽为伍。无论形成哪种性格，人都完全是自己的主人，是自己性格的创造者。

人永远是驾驭自己生命的主人，即使处于极端困苦和孤单的处境中，也仍然是自己的主人。只不过当一个人穷困潦倒、盲目孤独的时候，他是一个对自己的财物管理不善的失败的主人，而当他开始对现有状况进行反省，开始寻找生活的真正意义和法则时，他就又成了一个好主人。正确的指导和理性的思考方式将帮助人们成就自己的梦想。

思想促使人的性格形成，并通过性格表现出外在的精神风貌。身体是思想的奴隶，它听从思想的指挥。如果负担着罪恶的思想，身体就会很快衰败和腐坏；如果有愉快、坚强的信念作支持，身体就会充满澎湃的青春活力。

健康和疾病，也与思想、心理的健康状态相关，严重的也会危及生命。经常会有人感到无谓的担心和恐惧，这是一种心理亚健康状态，恐惧会消磨人的斗志和活力，使人无法抵御疾病的侵入。负面的想法，尽管有些时候它还没有成为现实，也会破坏人的健康。

美好的思想让生命明朗

如果一个人想在任何时候、任何地方都保持充分的魅力，那就要时刻注意自己的思想。如果想以焕然一新的美丽面貌展现在世人面前，那就要净化自己的思想。嫉妒、邪恶、失意、挫败都会破坏身体原有的魅力和优雅，一举手一投足都在向别人透露着内心的信息。岁月中所经历的狂热、冷漠和自私也会留下痕迹。

阿兰已经90多岁了，但她仍有着和少女一样清新、纯净的面孔。阿兰曾在地铁上遇到过一个男人，他饱经沧桑，脸上如同洪水冲刷过的黄土地一样沟壑纵横。阿兰猜他有50岁了，但从后来的聊天中才得知，其实他还没到中年。

阿兰是因为其性格乐观、单纯，才能在 90 多岁时还能拥有和少女一样的面孔。男人则是因为长时间的奔波和不满，导致人还未到中年脸上就如黄土地般的沟壑纵横。只有心中充满了愉快美好的感情，才能拥有健康的身体和明朗的面容。

人们常常会处在这样一个尴尬的困境中：得到的东西不是自己想要的，想要的却又得不到。其实，能被人吸引到身边的东西都是有限度的。人们幻想着一夜暴富，或者是拥有决定他人生死的权力，即使他们自己也认为这是不可能发生的，但在他们内心深处，这种愿望却在生根发芽，蓬勃成长。塑造人生和生命的是自己，而束缚一个人前进脚步的也只有自己的思想。如果明白了这些，也就明白了平常所说的"与环境做斗争"，不仅意味着人要对抗来自外界的阻挠，也要战胜自己心中的魔障，更新自己的思想。

懒惰的思想让生命空虚无比

人们总是把希望寄托于环境的改变，却从不愿认真思考自身存在的问题，因此总是处在被动的境地。一个善于思考的人，更容易实现自己的梦想，这是一条恒久不变的真理。要想实现自己的人生目标，就得做好充足的思想准备，就算那个人生目标只是想要吃饱穿暖也是一样的。但是大多数人还是不仅仅满足于温饱，他们希冀得到更多的幸福和更完满的人生，那就必须付出更大的代价。

小翁的家庭非常穷苦，他很想快点儿改善自己的生活条件，可他又不愿意工作。他觉得自己是怀才不遇，总是埋怨报酬太少、自己付出的太多。在几次跳槽换工作之后，他靠政府的救济金过日子，过着食不果腹的生活。

小翁一直沉浸在懒惰、自欺欺人的思想当中，整天幻想着"天上掉馅饼"，幻想着不需要任何努力就能改变一切。最后，他也只能把自己推向更绝望的境地。

人是周围环境的创造者。当一个人制定一个目标并努力朝这个目标奋进时，如果他的内心有一些欲望和人本身的惰性思想没能被他自己所察觉，那么这些负面的思想就会不知不觉地给目标的实现制造层层障碍。

但是，环境复杂多变，而思想又是不为人所见的，况且每个人对生活的要求和定义不一样，所以要单单从生活的外部特征就看出人的思想全貌是不可能的。因此，有些人因乐善好施而导致穷困，却被人说成是傻瓜，而有些人靠坑蒙拐骗发了财，周围的人却说他有能耐，这都是非常浅薄的认识。可以肯定地说，高尚的道德修养是成功的重要表现。没有一定道德修养的人，最终会遭到淘汰和惩罚。

某些错误想法会导致灾难来临，痛苦是对人的行为违背了生存道德或法则的暗示，它能让人审视自己，消除那些邪恶、肮脏、无用的垃圾思想。如果想要获得幸福，就需要保持精神上的纯洁与和谐。并不是一定要有非常好的物质条件才能称得上幸福，有的人受到了祝福却很贫穷，也有的人家财万贯却一点儿也不开心。人只有在幸福、愉快、健康的生活当中找到属于自己的位置，才算达到了最高境界。

在精神领域里，公正占据着主导地位。因为自然规律如此，所以只有当人自身是无误的时候，才能去发现自然的奥秘。当人努力完善自己时，随着他对人对物的想法的改变，人与物相对于他来说也会相应地发生改变。下流的想法会形成糟糕的恶习，最后将造成疾病、混乱的环境；

懒惰的思想导致贫穷、不整洁的恶习，最终将造成乞讨的环境；恐惧的思想会形成软弱的习惯，最终将转化成依赖他人的环境；诅咒和仇恨会导致对他人刻薄的习惯，最后将形成战争、暴力的环境；而各种高尚的思想则最终会形成愉快的、向上的环境。

高洁的思想会使人的愿望得到满足。当罪恶的思想停止时，一切都会变得宽容。要知道，每个人都是世界的主人，你想要在世界的万花筒里看到什么，就需要自己来摇动这个万花筒。

第三节 信心和夸奖能令思考更加活跃

思考和做一般的工作是不同的，因为它几乎永远不可能一帆风顺地进行。做其他工作或许人们很快就能够将其完成，而思考往往是过了很久却仍然没有什么进展。当人们总是在同一个地方兜圈子的时候，就会容易产生自我怀疑：自己的想法是不是错误的？或许永远都想不出来解决问题的方法了！在这种时刻，就没必要无谓地钻牛角尖了。正所谓"穷则变，变则通"，暂且停下来换个心境，或许会有新的发现。停下来的时候要对自己进行积极的暗示："只要静下心来想一想，我就一定行，事情一定能得到顺利的解决。"

我一定要找到它

牛顿在 27 岁的时候，被选为英国皇家学会的会员，并且被聘为剑桥大学数学系教授，当时全世界的目光都集中在这位光芒耀眼的新星上。当牛顿走上大学讲台的时候，他十分激动，他含泪说："在我研究过程中，始终坚持这样一个信念'我要寻找的，一定能找到它！'"

牛顿是一位伟大的科学家，同时也是一位富有想象力的诗人，他观察天象时，发现一件怪事：不同的光线有不同的折射度。他心里想："我要找到它！"他反复研究光线，最后终于设计制造出了一架反射望远镜。他研究白色光线，怀疑它只是光谱中各种颜色的混合物。他又想："我要找到它！"

牛顿正是靠着这种"我一定能找到它"的自信，才不断地拓展思考的深度和广度，并不断钻研，最终成为伟大的科学家。

或许会有人感到疑惑：这种哄小孩子的办法对自己有效吗？事实上，不能小看自我暗示的重要作用，就算只是对自己说了一句"糟了，我做不到"之类的话，也许就真的会失去努力的动力。因此，就算判断失误，也切不可陷入沮丧的情绪当中，觉得自己做不到，我们要时常暗示自己："我能行！我一定可以做到！"

夸奖推动自信的成长

尼克松是大家所熟识的美国总统，然而就是这样一个大人物，却由于缺乏自信将自己的政治前程毁于一旦。

1972年，尼克松竞选总统连任。因为他在第一任期内取得了斐然政绩，因此大多数政治评论家都预测尼克松将会得到压倒性的胜利。但是，尼克松本人却极不自信，过去几次失败的心理阴影在他脑海中挥之不去，非常担心再次失败。在这种潜意识的驱使下，他鬼使神差地做出了终生悔恨的蠢事。他命令手下的人潜入竞选对手总部的水门饭店，把窃听器安装在对手的办公室里。事发之后，他又不断妨碍调查，推卸责任，结果在选举胜利后不久便被迫辞职。原本对总统宝座十拿九稳的尼克松，由于缺乏自信而惨败。

信心对一个人而言起着至关重要的作用，假如抱着消极的想法去做事，那么原本能做好的事情也可能做不到了。

每个人都可以回顾一下自己的过去，回想一下自己现在取得的成绩都得到过谁的帮助。一般而言，首先都会想到一些给予过自己夸奖和鼓励的人。有一位企业家曾经很有感触地说，正是由于得到了别人的夸奖，他才取得了现在的成就。那些夸奖让他在自信中成长，而那些批评和责难并没能给他的生活带来任何有益的改善。

这个企业家的话也有一定的科学依据。因为当人受到夸奖的时候，神经就会处于非常兴奋的状态，大脑会在不知不觉间高速运转。当思维活跃起来的时候，成功就成了顺理成章的事情。

在心理学中十分有名的"皮格马利翁效应"就充分说明了夸奖的重要性。为了证实这个效应，实验者先是把一个40人的班级分为两组，20人为一组，这两组学生的平均成绩大致相同。分组后马上进行一次测验，随后把测验的分数告诉第一组的学生，第二组的学生的试卷则在批改后不发给他们，而是把他们一个个地单独叫出来，告诉他们考得非常好—当然这不是事实。过了一段时间之后，又进行了第二次测验，测验后还是采取了和上次一样的做法。这样重复了几次之后，将最后一次两组学生的测验平均分数加以比较，结果发现总受夸奖的第二组要比第一组的平均分数高出很多。

既然没有任何依据的夸奖都能够弄假成真，那么多做有依据的夸奖，岂不是更能产生明显的效果吗？假如自己周围都是一些擅长赞美别人的人，很有可能一些不确定的小想法就会转变成一个不错的好主意。

千万不要小觑夸奖对人的思想产生的影响力，更不要吝惜你的赞赏，或许有一天这份赞赏能成就别人一个惊世骇俗的灵感呢！

既然夸奖对一个人来说这样重要，那么在交朋友的时候就要尽量接触可以给予自己赞赏和夸奖的人。然而能够找到这样的人做朋友是很困难的，因为人们都更容易去指责别人。况且，有许多观察力强的"聪明人"就很善于发现别人的缺点，而不愿看到别人的长处，其实这并非"聪明"，只是心胸狭隘的表现。

从事一些需要思考的工作时，善于夸奖的朋友显得格外重要。就拿写作来说，从事写作工作的人大致可以分为两种类型：一类人一头扎进书房里，废寝忘食地创作；另一类人则写写停停，不时出门见见朋友。乍看之下，会觉得闭门不出的人似乎更能写出好的作品出来，可事实上却往往是经常和朋友碰面的人写出来的作品更胜一筹。原来，当朋友们聚到一起的时候，写作的人就会随口抱怨写作过程中遇到的困难和瓶颈，善于夸奖的朋友会在这个时候十分巧妙地找到抱怨者身上的闪光点，并加以肯定和称赞。抱怨的人听到这些，心里就会产生"我能行"的自信，回去继续写作时质量和效率都会有所提升。而躲在书房里埋头写作的人，却难以得到这样的夸奖和鼓励，创作出来的作品自然比不过时常和朋友见面的人。

因此，遇到不顺的时候千万不要一个人躲起来，去和一个懂得欣赏自己的朋友说说话，说不定就能够豁然开朗。可能有人会发出这样的疑问：要是听到的全是些十分露骨的奉承话，该怎么办呢？其实没什么，尽量认真听就好了。因为就算是奉承话，也是夸奖的一种，也会起到鼓舞人心的正面作用。奉承话虽然可能不是真心实意的夸奖，但仍然是夸奖，被夸奖的人或许在某些地方做得确实不够好，但听到几句夸奖很有可能使思维变得活跃起来，进而变得聪颖智慧！

第四节　声音会如实地传达你的思想

声音的重要性

人们说话的时候，头脑中的思考方式往往和平时不太一样。因此，古希腊的哲学家喜欢在散步时的交谈中深入思考，是很有道理的。相反，沉思默想往往会让人钻进死胡同里，并且易进难出。

令人惋惜的是，现在很多人早已经抛弃了这种透过声音来思考的方法。不少人在写文章的时候几乎都是一言不发的，修改的时候仍然和写文章时一样在心里默读，往往会漏掉很多的关键问题。因此，修改文章的时候，要尽量采取朗读的方法。读起来不通顺的地方，里面必然有一些小毛病，需要仔细斟酌。

唐朝有个叫贾岛的诗人。有一天，他骑着毛驴外出，在路上一边走，一边作诗，其中有两句是："鸟宿池边树，僧推月下门。"贾岛反复地吟诵这两句诗，还用手做出推敲的动作，究竟是"推门"好呢，还是"敲门"好呢？他一时不知哪个更好。这时候，唐宋八大家之首的韩愈路过这里。按照当时规定，官员经过时，过往的行人都要让路。但是贾岛仍然在低着头吟诗，一不小心撞

哲学与人生——感悟人生的指南

到了韩愈的仪仗队里。手下立即把贾岛从驴背上拽下来，推到韩愈面前。贾岛只得说："因为在斟酌'推''敲'二字，一直吟诵，来不及让路。"韩愈听后不但没有责备贾岛，反而笑着对贾岛说："还是'敲'字好啊！"这个故事后来形成了一个词语，叫"推敲"。

声音远远要比人们想象中的重要得多，它能够发现用眼睛无法看到的文章缺陷。

古人所写的诗词，今天朗诵起来仍会感到行文非常的流畅，读起来毫无阻滞。这些诗词之所以能够读起来朗朗上口就在于，它是声音不断提炼的结果。诗词被作者们用声音做了无数次推敲之后，已经拥有了水晶般的纯度。

不要轻易炫耀自己的想法

通过朗诵来提纯思想的事例还有许多，这不禁让人感慨用声音思考的重要性。然而，声音并非在任何时候都是好的，有时人们必须保持沉默，因为并非什么都适合说出来。例如，有人想到一个小点子，一时兴奋，见到朋友就想说一说。可听到这种小点子后，大部分人心里都会想：完全没什么了不起的嘛！即使他们不当面把这话说出来，那种想法也会分明地写在脸上。就算是充分沉淀、经过锤炼的构思遭到这样的冷遇也会备受打击，更何况那些还未成形的小念头。于是，一棵思考的嫩芽便这样被扼杀了。所以，千万不要随口向别人炫耀自己的想法。

即使有了好的想法也不要轻易说出来。明智的做法是先让它在自己的头脑里煨一煨、饧一饧，以待其纯化。另外，隐藏自己的想法，不但可以保护自己思想的幼苗不被冷酷的批评扼杀，还可以秘藏一些得来不易的珍贵灵感。

不轻易说出自己的想法，除了保护外，还有鞭策的作用。因为一旦将想法说出来，思考的压力就会减小，一种宣泄的快感产生后，继续思考下去的欲望也会随之降低。此外，说话本身就是一种编辑和表达的活动，一旦把想法说完，便满足了表达欲，再不会有将其编辑成书面形式表达出来的劲头。所以，有时也必须保持沉默，从而提高驱动表达的内在压力。

人们每天要说很多话，而其中关于自己人生的话，某种程度上也会决定自己的人生。也就是说，"你嘴上所说的人生就是你的人生"。

"好的""一定会有办法的""没问题"，每天都能说出这种积极话语的人，他们的每一天都会过得非常乐观，即使遇到了困难，他们也能够顺利渡过难关。相反，每天嚷着"太糟了""太让人气愤了""没办法了"的人，遇到的挫折也特别多，运气也显得特别糟糕。

如果看不清自己，那么就试着观察一下周边的人与事，便会发现人们都过着他们嘴上所说的人生。特别是在与钱有关的事情上，这一点会更明显。令人吃惊的是，每天叫着"没钱"的人，大多都是跟金钱无缘的人。这里最关键的信息不是"因为穷而没有钱"，而是"天天说着没钱，所以穷"。

必须要意识到，每天从自己嘴里说出的话拥有很大的影响力，因此要注意自己的话语。每天所说的话，都给人的一天指明了方向。话语会在说出口后，变成现实。这是由人的大脑与自律神经所决定的。人的自律神经通过大脑皮层来支配身体。而大脑正是通过自律神经将想法传达到身体各部分，从而操纵它们把自己的想法变成现实。小到从自动售货机买饮料这种日常琐事，大到搭乘航天飞机飞往太空，世界上所有的事情，都是因为人们最初有某想法，在考虑"就这样做""会变成这样的"后，最终得以实现的。

如果要给人们的想法找一个合适的载体，那一定就是人们说的话了。

在考虑问题的时候，语言其实已经在脑海里浮现了。因此，要把脑海里的语言变成现实，最重要的就是：在考虑问题的时候，如何把自己正考虑的事情用语言更好地表达出来。也就是说，一个人最终决定说出口的言语，会或多或少地影响其人生。积极的语言才能带领人们走向美好的人生。语言就如同把飞机带到目的地的自动引擎，只要按下按钮，它就一定能把人们带到目的地。

所以，需要记住的是：一定要说积极向上的话。只要持续使用非常积极的话语，就能积累起相关的重要信息，于是在不经意之间，就已经行动起来，并且逐渐把说过的话变成现实。

第五节　做个独立的思考者

现在的社会是一个变化越来越快的社会，假如人们不主动改变自己去适应这个多变的环境，不被社会所淘汰，就只能艰难地挣扎着。

可见，要过怎样的生活，怎样的人生，每个人一定要深思，经常思考，做个主动积极的思考者去掌控自己的人生命运。而被动甚至不动者最终将受控于社会任人摆布，甚至跌入失败的谷底。

请不要在人生的道路上徘徊、叹息、抱怨，一个劲地抱怨只会使自己变得更加愚蠢，抱怨不如改变，只要试着经常去启动自己的头脑，做个生活主动的思考者，就能够改变自己的命运，重新谱写自己新的精彩的人生，这是唯一也是最好的拯救自己的途径。

这是许多人的经验教训。人的习惯是逐渐养成的，而这种主动思考积极改变的精神本身也是一种习惯，并且可以说是一个对命运起决定性作用的习惯。当一个人对自己的行为选择不做周密慎重的思考时，就是一个思考的懒惰者，你就已经对自己不负责任一次了；而当多次对自己的选择没有独立思考时，你就会形成盲从而不做思考的习惯。

世界上最伟大的劳动就是思考，因为有了思考，所以中国古人有了四大发明；因为有了思考，所以看到掉下来的苹果，牛顿会想到万有引力；因为思考，所以互联网的创意每天都在出现；因为思考，才有这个每天都不一样的多彩的世界。

所以，在这个大脑决胜的时代，一定要让自己的大脑跟上时代发展的步伐，做一个积极、主动、独立的思考者。因为独立思考，才不会人云亦云；因为独立思考，才会有创新；因为主动思考，才更有激情和动力；因为主动思考，才不会被人牵着鼻子走；因为主动思考，才会明白一件事情的来龙去脉，才能客观地看待问题。

独立思考，不为考试而读书

安安上了一年的大学，让她印象最深、感触最深的还是那些课堂上被动的听者、被动的思考者。因为大学的课程都比较轻松，大家都没什么学习压力，逃课的学生很多，去上课的学生玩手机、谈情说爱、打游戏的更是见怪不怪。即使有听课的，都是无精打采被动地听课，被动地吸收所学的知识，脑子根本就没转动，一点儿怀疑精神都没有，只是一个劲地强迫自己的脑子记忆下完全不懂或似懂非懂的知识。而即使是那些所谓的认真听讲的学生，却只是一个劲地抄写着黑板上的笔记、一个劲认真地盯着老师的嘴巴，希望能够从老师的嘴里看透什么似的。安安不知道那些只为了学分而去听课学习的跟和那些完全不听课的学生有什么多大的区别。安安一直在想上大学要是只是为了成绩的话，交那么多钱有什么用？以后毕业了也不过是一个读过大学的初中生而已。安安明白自己是为知识而读书，而不是为考试而读书。读书有助于考试，为考试而读书却未必可助知识的增长。

　　读书不是为了当书本的奴隶，而是要做生活的掌舵人，要学会思考、经常思考、主动积极思考，不做一堆无用功，浪费时间，消耗生命。

　　很多人经常埋怨现在的教育制度，但抱怨只会让自己变得更加愚蠢。每个人应该学着思考、学着改变。否则，只会成为被这种制度摆布的牺牲品。应该坚信自己是有主动思想的，而制度是一种死的东西，它从根本上并不能束缚人，而要真正做到不被这种制度摆布、束缚的唯一方法就是要时刻有怀疑的精神，不做书本的奴隶，时刻准备着启用自己的脑子，做个主动积极的思考者。

　　很多人都会去羡慕、仰望、崇拜富人和成功者。其实羡慕、仰望、崇拜都没有任何意义。丑小鸭可以变成白天鹅，灰姑娘可以变成公主，虽然这是安徒生笔下的童话故事，但是现实中任何人也都有可能从一个身无分文的穷光蛋变成一个家财万贯的富翁，只要善于利用脑袋，主动思考。总有一天，一定能感受到主动思考的价值，以及它所带来的好处。

独立思考，独立解决

“发展独立思考和独立判断的一般能力，这应当始终放在首位。”

爱因斯坦如是说。思考是大脑的活动，人的一切行为都受其指导和支配。思考虽然看不见、摸不到，但它真实存在。有什么样的思考方式，就有什么样的命运。一个人如果能够不断更新自己的思想，并将自己对人生新的领悟传递给他人，那么他就能够主宰自己的命运，并且开创属于自己的风格，但如果他总觉得自己没有独立做事的能力，不可能超越其他的人，那么他就真的不会独立，只能跟在别人后面。

　　有一位擅长画猫的画家，由于画技高超，笔下的猫都栩栩如生，以至于许多人把他的画买回去挂在家里后，家里的老鼠都逃光了。因此，画家被人们誉为"猫王"。

　　不过，这位画家性格比较古怪，一生只收了两个学生欧文和詹姆斯。

　　一天，画家把詹姆斯叫到跟前说："你不但学到了我画猫的全部技巧，而且在很多方面超过了我。所以，你可以离开这里去寻找更加出色的画师，或者到世界各地走一走，与其他优秀的画家交流一下经验。"

　　詹姆斯并不愿意离开，他希望能继续学习，但画家态度十分坚决，所以他只好真诚地向老师鞠躬致敬，然后便离开了。

　　欧文见到这种情形，非常不满，他心急火燎地找到画家说："老师，我比詹姆斯早半年开始跟您学画，所以，我应该也算学成了吧？"

　　"的确，你跟我学画的时间比他长一点儿，但是你这一辈子，恐怕永远也达不到詹姆斯的水平了。"画家严肃地说。

　　"为什么？"欧文既不解又气愤。

　　"你跟我学画，只知模仿，却没有加入你的任何思想。也就是说，你在用手画画。而詹姆斯则是在用脑子画画，他画的猫在很多细节方面已超过了我。你的基本功虽然很扎实，但不善于思考，不用脑，这就是你永远无法超越詹姆斯的原因。"欧文听后，不服气地走了。

若干年后，欧文画的猫无人问津。而詹姆斯则成了远近闻名的"猫神"，人们都说他绘画的水平已经远远超过了他的老师。

世上最可悲的人，就是像欧文一样一直模仿别人，完全没有自己见解的人。一个人如果一味追随于他人身后，自己却不做任何思考，那么他的能力就不能完全发挥出来，思想主宰行动。

伟大的哲学家叔本华曾经说过："不加思考地滥读或无休止地读书，所读过的东西无法刻骨铭心，其大部分将消失殆尽。"一个人没有独立思考的能力，很难领悟人生的真谛，而且会丧失主见，很容易别人一开口就变得惊慌失措。独立思考问题、独立解决问题的能力是保持个性的重要方面，也是一个人立足于世不可缺少的条件。

独立思考，用心灵看到的东西往往比用眼睛看到的还要多。

第 3 章

康德：没有目标而生活，恰如没有罗盘而航行

明确的目标让人们有所适从、有了方向感，指引人们的行动。否则人们在生活中就会像无头苍蝇一样到处乱撞。当人们有了目标与方向，就有了使自己不断前进、不断成长、开创新天地、发挥创造力的精神动力。

第一节　清晰的目标引领前进的方向

卡耐基曾经说过："不能保持正确目标而奋斗的，就如玩耍得意而消沉的儿童一样，他们不知道自己所要的是什么，总是茫然地噘着嘴。"

威廉姆·玛斯特恩是一位非常优秀的心理学家，他曾经向3000人问过同样的问题："你为什么而活着？"结果表明，有94%的人说他们没有明确的生活目标。正像有句谚语所说："每个人都会死，但并非每个人都真正地活着。"

玛斯特恩的调查不幸证实了这一点。愚者过着如梭罗所说的"宁静的绝望生活"，期望他们的人生目标在某个神灵的激发下瞬间降临。同时，他们只是在生存着，重复着生活的机械动作，他们从未感受过生命的光亮，他们看着自己的生命之光迅速地飞逝，人变得越来越恐惧，害怕自己还没有体会到任何真正的喜悦和生命的内涵，就走到了人生的尽头。

明确的目标让人们有所适从，有了方向，就能指引人们的行动，不然人们在生活中就会像无头苍蝇一样到处乱撞。当有了目标与方向，就有了使自己不断前进、不断成长、开创新天地、发挥创造力的精神动力。

设立目标需要努力自律。智者一旦建立好了目标，就会投入更多的努力来逐步实现它，并保证人生的航标不脱离目标以及不停给自己设定新的目标。设定和实现目标要花费很多的努力和自律，所以愚者索性就不设目标，任由现状，得过且过，或是虽然有目标却懒得去实现。光有目标并不能使我们不断朝前迈进，还要有行动计划的配合才行。目标的树立是使我们明确方向，而行动计划则告诉我们该怎么做，做什么才能到达我们想要去的地方，行动计划确定了我们追求目标时所要投入的活动。

清晰的目标决定日后的成就

在生活中，只有树立明确的目标，投入实际的行动，才能收获成就感和满足感。目标决定努力的方向。没有方向，就永远不会有美好的现实。

艾瑞克是一位酷爱小提琴的年轻人，可是他刚到纽约的时候，迫于生计，只好到纽约街头靠拉小提琴卖艺来赚钱。

幸运的是，艾瑞克在这期间认识了一位黑人琴手，两人一拍即合，他们抢到了一个最能赚钱的好地盘——一家商业银行的门口。

没过多久，艾瑞克就靠着精湛的琴艺赚到了不少钱，然后他就和那位黑人琴手道别，因为他不想一辈子都在这家商业银行门口卖艺。他想到大学里进修，也想同那些琴艺高超的人相互切磋。于是，艾瑞克用卖艺赚来的钱做学费，进入一家音乐学院进修小提琴。在这段时间里，他凭着一腔热情，全身心地投入到了提高音乐素养和琴艺中……

10年后，艾瑞克又一次经过当初靠拉小提琴卖艺的那家商

哲学与人生——感悟人生的指南

业银行，发现昔日的老友——那位黑人琴手，依然在那"最赚钱的地盘"拉琴卖艺。

当那个黑人琴手看见艾瑞克出现的时候，非常高兴。他问艾瑞克："我的朋友，你现在在哪里拉琴啊？"

艾瑞克回答了一个非常有名的音乐厅的名字。那个黑人琴手听后不解地问："难道那家音乐厅的门前也是个非常赚钱的好地盘吗？"

他哪里想得到，10年后的艾瑞克已经是一位享誉世界的知名音乐家了，他经常应邀在这家著名的音乐厅登台献艺，而并非在门口拉琴卖艺。

一个人有没有成就、有多大的成就，取决于他有没有志气、有多大的志气。是否有志气也不一定要看他年少时是否真有成就事业的气质，而是看他在尚无成就时是否具有清晰的目标以及一颗相信自己、永不退缩的心。

目标对于人生的重要性超乎所有人的想象。人们在祝福别人时常说"心想事成"，其实这个词并不仅仅是祝福，它告诉人们只有胸怀目标，才有实现目标的可能。很难想象一个没有目标的人是怎么把握自己的人生航向的。人生是大海，人是大海里的航船，而目标则是航船在前行中时刻都能看到的那座灯塔，无论风向如何，无论波涛多大，有了灯塔就不会迷失方向。反之，没有灯塔，自己都不知道去哪里，则只能随风漂泊了。

一个人之所以成功，就在于他赋予生命的方向。如果拥有目标，就去坚定地达成，无论多么艰难，相信目标就在距自己不远的前方。

把梦想当成唯一的目标来追求

美国犹太商人乔治·吉亚姆读高中时，就有一个梦想：将来一定要成为一家大公司的总裁。自从有了这个想法，他就把它当成唯一的目标来追求。

后来，乔治考入耶鲁大学。但是在他读二年级的时候，家里出现了经济问题，对于他的学费，父母已无能为力，乔治心里矛盾极了：是休学就业，还是半工半读？考虑了一段时间后，乔治做出了决定：决不能放弃自己的学业！因为要想实现自己的目标，就必须不断地充实自己。而放弃学业就是放弃梦想。所以，无论如何都要坚持到毕业。凭着坚定的信念，乔治真的如愿以偿。他不但每学期的成绩都名列前茅，而且还利用奖学金及一份兼职工作解决了学费与伙食费的问题。3年过去了，他不但获得了经济学学士的学位，而且还获得了著名的路德奖学金。毕业后的两年，他又前往英国牛津大学攻读硕士，此行为他今后的发展奠定了坚实的基础。

乔治回到美国后，便与一名田纳西女子结婚。然后他只身前往纽约，准备为自己当初订立的目标继续奋斗。不久，他找到了一份工作，在一家资金雄厚的证券公司担任投资咨询部办事员。工作没多长时间，他便从朋友那里得知，国家地理勘察公司正在招聘年轻上进的财务经理。乔治认为，无论这份工作对于自己，还是自己对于这份工作，都再合适不过了。于是他前往应聘，结果顺利被录用。乔治在这家公司一干就是四年。

哲学与人生——感悟人生的指南

四年后，虽然这家公司业绩惊人，而且他本人也取得了不错的成绩，发展前景也很广阔。但是他始终念念不忘自己的梦想。他认为自己在这里能够学的都已经学到了，再做下去有违他的本意。于是，他辞掉了这份令人艳羡的工作，又回到了最初的那家证券公司工作，并且等待发挥个人能力的机会。机会终于被他等到了，一名在这里工作多年的老员工即将退休，这个人拥有八个客户，每个客户都非常有实力，他想以5000美元出让。对于乔治而言，这是一个绝佳的机遇，然而更是一个严峻的挑战，因为他的全部财产差不多只有5000美元，此举一旦失败，他将会变得一贫如洗。况且，能不能留住这些客户还是一个大问题。再一次面对重大抉择，乔治陷入了沉思。

最后，他还是下定决心用自己的全部财产接下了这八名客户，并且马上动身前去拜访他们。他坦率而诚挚地向这八名客户说明自己的理想与计划。这些客户纷纷被他的热情与直率所打动，他们表示愿意留下观察一段时间。那时，乔治还非常年轻，只有28岁。两年的时间过去了，乔治几乎每天都在为员工薪金及管理费用忙得不可开交，有时候，他甚至都拿不到自己的薪金。

两年时间，公司都是在这种极度困难的状况下惨淡经营着。尽管如此，公司却丝毫没有降低服务质量，反而愈来愈高。到了第三年，公司终于渡过了难关，业务开始蒸蒸日上，客户也与日俱增。至此，乔治自己的梦想终于同现实接轨了。

如今，他已经是一家拥有近亿美元资产的投资咨询公司的总裁，还兼任着某大型互助银行的常务董事及数家公司的董事。

人生不能没有目标，如果没有目标，人就会像一只黑夜中找不到灯

塔的航船，在茫茫大海中迷失了方向，只能随波逐流，达不到岸边，甚至会触礁而毁。而有了正确的目标，你这艘航船就会朝着它开足马力，乘风破浪，直达终点。

智者之所以会成就一番大事业，就是因为他们目标明确、合理，他们在奋斗中避免走弯路或少走弯路，向着目标的方向积极行动，所以他们容易成功；愚者大多数没有目标，他们在生活中像一群无头苍蝇，瞎飞乱撞，只见忙碌，不见收获，最后在失望中终其一生，实在可悲。

伟大的人物，他们在年轻时就为自己确立了远大的奋斗目标，如毛泽东在青年时就把解放劳苦大众当作自己的责任，周恩来在学校就树立"为中华之崛起而读书"的志向等。正是目标的存在，使他们产生了无穷的力量，来促进自己不断前进，不停地奋斗，直至达到目标。

心中拥有目标，能给人以生存的勇气，在艰难困苦之时，目标能赋予人们坚韧不拔的毅力。有了具体目标的人少有挫折感，因为比起伟大的目标来说，人生途中的波折就显得微不足道了。因此，拥有科学的目标可以优化人生进程。

如果入睡之前有令人操心的问题，可能隔一夜醒来便茅塞顿开、迎刃而解了。那是因为人们虽然已经入眠，但心底深处仍在思考有关事情，从而会加深必胜的把握。把目标具体而清楚地写下来，能够帮助自己克服心里的怀疑及恐惧，从而相信自己可以达到目标。当信心增长的时候，更有动力去做那些有助于达到目标的相关事情。

越是记得的目标，就越能增强心理的动力。越是牢记目标，越去思考如何达到目标，越去想象达到目标之后的那种快乐，外在世界的成就则更会呼应内在世界。

朝目标迈进的每一步都会增加快乐、热忱与自信。每天依据目标工作，就会逐渐在心中发展出相信每件事都会成功的绝对信心。每天的进步能使人去除恐惧，践踏怀疑。从积极的思考进展成为积极的领悟，没有一件事情可以阻挡得了自己。

确定明确的人生目标，无论是对人生或是对任何的行动，都是至关重要的。在生活中，因为没有明确的目标，愚者就像地球仪上的蚂蚁，看起来很努力，总是不断地在爬，然而却永远找不到终点，找不到目的地。结果只是白费力气，得不到任何成就与满足。

没有目标的活动无异于梦游，没有目标的生活只不过是一种幻象。许多人把一些没有目标的活动错当成人生的方向，他们花费了九牛二虎之力，最后还是一事无成。要攀到人生山峰的更高点，当然必须要有实际行动，但是首要的是找到自己的方向和目的地。如果没有明确的目标，更高处只是空中楼阁，望不见更不可及。

第二节　没有目标就没有了期待

人生是一种体验、一种经历、一种探索、一种生活，包含着酸甜苦辣、得失成败、荣辱沉浮。而人生目标则是一种自我设定，选择怎样的体验、经历、探索、生活，都因其而定。人生不能只追求小目标，还必须有大目标，使人获得成功的是大目标，而不是小目标。如果只追求小目标，到头来就会发现，原来仅是在空耗青春，最终一无所获。

狂热追求自己的目标

王选作为汉字激光照排系统的发明者，推动了中国印刷技术的第二次革命，被称为"当代毕昇"。他在接受电台记者专访时曾说过这样一句话："年轻人认准目标，就要狂热追求。"他还说："一个有成就的科学家，他最初的动力，绝不是想要拿个什么奖，或者得到什么样的名和利。他们之所以狂热地去追求，是因为热爱和一心想对未知领域进行探索的缘故。"

王选自从研制激光照排项目起，就开始了这种追求。"在很长一段时间内，我都有一种逆流而上的感觉，我几乎放弃了所有的节假日，身心极为紧张劳累，但也得到了常人所享受不到的乐趣。"

人生最伟大的目标就在于行动，人来到这个世上，应当有自己的人生目标和人生追求。在确定了目标之后，或许经过一生的奋斗也未能实现，但这并不意味着就此失去了制定目标的价值。人正因为有了目标，才能向前进而不是向后退，保持积极的思想，使人走向充实，而不是走向虚无，这就是制定目标的价值。

目标就是希望

非洲一片茂密的丛林里走来四个瘦骨嶙峋的男子，他们扛着一只沉重的箱子，在茂密的丛林里跟跟跄跄地往前走。

这四个人是：巴赫、麦克西里、约翰、杰姆，他们是跟随队长哲学家马克格夫进入丛林探险的。马克格夫曾答应给他们优厚的工资。但是，在任务即将完成的时候，马克格夫不幸因病长眠在丛林中。

那个箱子是马克格夫临死前亲手制作的。他十分诚恳地对四人说道："我要你们向我保证，一步也不离开这只箱子。如果你们把箱子送到我朋友麦克纳夫教授手里，你们将分得比金子还要贵重的东西。我想你们会送到的，我也向你们保证，比金子还要贵重的东西，你们一定能得到。"

在埋葬了马克格夫以后，这四个人就上路了。但密林的路越来越难走，箱子也越来越沉重，事实上是因为他们的力气越来越小了。他们像囚犯一样在泥潭中挣扎着。一切都像在做噩梦，而只有这只箱子是实在的，是这只箱子在撑着他们的身躯！否则他们全都会倒下的。他们互相监视着，不准任何人单独乱动这只箱子。在最艰难的时候，他们想到了未来的报酬是多少，当然，还有比金子还重要的东西……

终于有一天，绿色的屏障突然拉开，他们经过千辛万苦走出了丛林。四个人急忙找到麦克纳夫教授，迫不及待地问起应得的报酬。教授似乎没听懂，只是无可奈何把手一摊，说道："我是一无所有啊。噢，或许箱子里有什么宝贝吧。"于是当着四个人的面，教授打开了箱子，大家一看，都傻了眼，满满一堆无用的木头！

"这开的是什么玩笑？"约翰说。

"屁钱都不值，我早就看出那家伙有神经病！"杰姆吼道。

"比金子还贵重的报酬在哪里？我们上当了！"麦克西里愤怒地嚷着。

此刻，只有巴赫一声不吭。他想起了他们刚走出的密林里，到处是一堆堆探险者的白骨，他想起了如果没有这只箱子，他们四人或许早就倒下去了……巴赫站起来，对伙伴们大声说道："你们不要再抱怨了。我们得到了比金子还贵重的东西，那就是生命！"

马克格夫不愧是个哲学家，而且是个很有责任心的人。从表面上看，他所给予的只是一堆谎言和一箱木头；实际上，他给了他们行动的目标。

人不同于一般动物之处是人具有高级思维能力，因此人就无法和动物一样浑浑噩噩地生活，人的行动必须有目标。有些目标最终仍无法达成，但至少这些目标曾经激励和支撑了人们的一段生活，这就值得感谢。不少现代人存在无聊、厌世、缺少激情等负面心理，其病根大都在于目标的丧失。所以，每个人还得有所追求才好。

作为 21 世纪的年轻一代，必须得精心为自己规划未来，坚信："目标就是希望，成功的道路是目标指引的！"

没有目标的人生了无生趣

第二次世界大战期间，有一个犹太女人，眼睁睁看着德国纳粹把她三个月大的小婴儿摔死，并把她和丈夫关进集中营里，从此两地相隔，不通音讯。她在集中营里受到惨无人道的虐待，德国兵动不动就把她打得血流满面。她过着地狱般的生活，未来一片黑暗。

一天，她突然看到集中营外面走过一个小女孩，拿着一朵花。当时她想道："有朝一日，我也要拿着一朵花，在外面的世界走！"就是这个小小的心愿，使她重新点燃生命的火花，坚强地活下去，终于在三年后，德国战败时，她离开了集中营，和丈夫团聚了。

当今社会，物质文明发达，在许多方面都给人们莫大的便利，可为何很多人反而觉得心里空虚？有多少人在课堂或公司里表现得呆板和无奈？这一切的一切都是由于没有目标所致。

无论出身贫贱还是高贵，只要有一个坚定正确的目标，稳定前进，那么任何困难都无法阻止前进的脚步。目标会引导方向，而自己的想法便决定了人生。

唤醒自我身上的精灵，审慎地为自己确定人生的方向，最终是否实现目标，全看是否能始终走在正确的方向上。这就好比是钢琴的琴弦要保持在正确的音符上，就必须反复"调正"。一个人想成功，必须竭尽全力才行。

目标就是希望，有目标就会有"柳暗花明又一村"；有目标就有"天高任鸟飞，海阔凭鱼跃"的广阔无垠；有目标，就有成功，加油吧！

第三节　把目标细化具体化

分段执行自己的目标

许多人做事之所以会半途而废，并不是因为困难，而是成功距离较远。若把长距离分解成若干段，逐一跨越它，就会轻松许多。目标具体化可以使人清楚当前该做什么，怎样能做得更好。

没有目标注定不能成功，但如果目标过大，就应当学会把大目标分解成若干个具体的小目标，否则，很长一段时期仍达不到目标，就会觉得非常疲惫，继而容易产生懈怠心理，甚至可能认为没有成功的希望而放弃自己的追求。

有些人梦想自己能一步登天，一举成名。这是不现实的。因为不仅能力有限，而且成大事必须经过长久磨炼。真正的成大事者善于化整为零，从大处着眼，从小处着手。从小目标开始，一点一点突破。把大目标分解成具体的小目标，分阶段地逐一实现，便可以尝到成功的喜悦，继而产生更大的动力去实现下一阶段的目标。

25 岁的时候，雷因由于失业而挨饿，为躲避房东讨债，他在马路上随处乱走。

一天，他在 42 号街碰到著名歌唱家夏里宾。雷因在失业前，曾经采访过他。没想到，夏里宾竟然一眼就认出了他。

"很忙吗？"夏里宾问。

雷因含糊地回答了他，他想夏里宾看出了自己的际遇。

"我住的旅馆在第 103 号街，跟我一起走回去好不好？"夏里宾发出了邀请。

"走过去？到那里要走 60 个路口呢。"

"胡说！"夏里宾笑着说，"只有五个街口。"

"我说的是第 6 号街的一家射击游艺场。"见雷因不解，夏里宾解释说。

到达射击场时，夏里宾说："只有 11 个街口了。"

没过一会儿，他们到了卡纳奇剧院。

"现在，只有五个街口就到动物园了。"

又走了 12 个街口，他们在夏里宾住的旅馆门前停了下来。奇怪的是，雷因并不觉得十分疲惫。

雷因和夏里宾的散步，正是生活艺术的一个经验。自己与目标无论有多遥远的距离，都不要担心。把精神集中在"五个街口"的距离，别让那遥远的未来令自己烦扰。

比如要参加马拉松比赛，但从来没有长跑过，这种情况下就需要先跑一千米，跑完了，觉得没有问题，就再跑两千米，然后跑三千米……如果直接去参加马拉松比赛是不太现实的，不但不会激励人，反而会损伤自信心。所以设定目标要从小目标开始，从一个较容易达成的目标开始。通过一系列小目标的达成帮助自己建立达成目标的习惯和自信，然后你再设定大一点的目标，再达成，你就更加有信心了。成功可以孕育更大的成功。随着你自信心的逐渐增强，你就可以设定一些难度较大的目标了。

曾经有这样一个试验：把人分成两组，让他们去跳高。两组人的个子都差不多，先是一起跳了6尺，然后把他们分成两组。对一组说："你们能跳过6尺5寸。"而对另一组说："你们能跳得更高。"然后让他们分别去跳。结果第一组由于有6尺5寸这样的一个具体要求，他们每个人都跳得高；而第二组没有具体的目标，所以他们只跳过5尺多一点。

大目标都是小目标达成的结果，长期目标都是短期目标达成的结果。千里之行，始于足下。假如初学目标设定，就设定了一个过高而不切实际的目标，会使人对自己产生困惑，开始怀疑是否能够达成，这无疑是在损伤自信心，同时在给自己的头脑设定失败的程序。目标太大，没有足够的信心达成，很容易中途放弃，反而一事无成。

梦想要远大，而目标一定要符合实际，而且要明确、具体，从现在的处境出发。不能现在连一万元的月收入都没有，却想月入百万。这不能算是目标，只能算是一个梦想，而梦想和目标之间是有一段距离的。

假如设定收入目标的话，那么今年的目标，最好不要超过去年实际收入的两倍，这样会比较科学。既能激励到自己，又可能达成，从而也得到了快速提升。不能指望一口吃成个胖子，一锹挖好一口井。事业不是一天就能做成的。如果太急躁，不但不能成功，反而会挫伤锐气。越是要取得成功，越是要稳步前进，一步一个脚印，踏踏实实、按部就班地照计划行事。

1984年，在东京国际马拉松邀请赛上，名不见经传的日本选手山田本一出人意料地夺得了世界冠军。当记者问他凭什么取胜时，他说"凭智慧战胜对手"。

两年后，在意大利国际马拉松邀请赛上，山田本一再次夺冠。记者又请他谈经验，性情木讷的山田本一还是那句话：用智慧战胜对手。许多人对此迷惑不解。

10年后，山田本一在自传中解开了这个谜。他说："每次比赛前，我都要乘车把比赛的线路仔细看一遍，并记下沿途比较醒目的标志，一直记到赛程终点。比赛开始后，我以百米的速度奋力向第一个目标冲去，在到达第一个目标后，我又以同样的速度向第二个目标冲去。40多公里的赛程，就这样被我分成几个小目标轻松完成了。最初，我并不懂这样的道理，我把目标定在40公里外的终点线上，结果我跑到十几公里就疲惫不堪了，我被前面那段遥远的路程给吓倒了。"

很多人做事之所以会半途而废，并不是由于难度太大，而是成功距

哲学与人生——感悟人生的指南

离较远，把长距离分解成若干个距离段，逐一跨越它，就会轻松许多。目标具体化可以让你清楚当前该做什么，怎样能做得更好。

具体化的目标更易实现

真山是一位拥有出色业绩的推销员，他一直都希望能跻身于最高业绩的行列中。但是一开始这只不过是他的一个愿望，从没真正去争取过。直到三年后的一天，他想起了一句话：如果让愿望更加明确，就会有实现的一天。

他设定了自己的目标，然后再逐渐增加，这里提高5%，那里提高10%，结果顾客增加了20%，甚至更高。这激发了真山的热情。从此他不论什么状况，都会设立一个明确的数字作为目标，并在一两个月内完成。

"目标越是明确，越感到自己对达成目标有股强烈的自信与决心。"真山如是说。他的计划里包括：我想得到的地位、我想得到的收入、我想具有的能力。然后，他把所有的访问都准备得充分完善，加之相关的业界知识及多方面的努力积累，终于在第一年的年终，使自己的业绩创造了空前的纪录。

每个人都有各自不同的需求，一个人所渴望的正是自己的使命。然而大部分的人都不会充分探究自己一生真的希望是什么，想做什么，成就什么？因为他们从来没有思考过："这就是我与生俱来要成为的人，要做的事。"所以他们终将找不到自己的目标。

有些人终生在自己的生命中浏览，浏览别人的成功，却对自己无法获得相同的成功觉得懊恼。为什么会有这种感觉呢？那是因为他们没有具体的目标和榜样。假如他们以那些成功人士为典范，把他们当作自己的动力，并告诉自己，"有一天，我也会像他们一样成功"。这些人会成为具体化了的目标。

每个人都可以反问自己，对那些真正成功的人有什么看法？从回答中，可以看到自己对人生的期望。再问问自己，如何评判一个人是否真正的成功？答案便是自己想成为一个什么样的人，过什么样的生活。这也是目标的具体化。对一些人而言，真正成功的人，可能是一个富翁，一个愿意将财产投入基金会、帮助别人的富翁。对另一些人来说，真正成功的人可能是一个角色，如父母、老师、内科医生或科学家。

拿破仑·希尔经常问很多人："你的目标是什么？"

得到的回答往往是："希尔先生，我的目标就是成功。"

希尔问："什么是成功？"

对方回答："就是实现自我人生价值。"

希尔再问："什么叫实现自我人生价值？"

对方回答："就是……就是有成就。"

希尔追问："那么，到底什么是有成就呢？"

对方可能回答："就是出人头地。"

希尔先生认为，这样的人不算有目标—退一万步说，只能算是有一个模糊的目标。

还有人问希尔："希尔先生，我的目标就是要赚大钱，这个目标可够具体了吧？"

希尔反问道："要赚多少钱？"

他说："反正就是要赚大钱。"

哲学与人生——感悟人生的指南

希尔说："大钱是多少钱？"

他说："最少要100万美元。"过一个月，又说："目标太难了，要赚90万。"工作了两个月，又说："太累了，干脆赚80万也行。或者是，70万也可以。"

一个人之所以会成功，是因为他锁定了一个目标，不但明确、不更改，而且还持续不断地瞄准它前进。

所谓成功的目标，视个人情况而定，如果以为一个人成功，那么对个人而言，这个人就是自己具体化了的目标，就要为这个目标活出自己的使命来。

在平常生活、工作中，人们都会有自己的目标，要想达到目标成就大事，关键在于把目标细化、具体化。

第四节　为目标设定一个实现的期限

没有期限的目标只是一个梦想

在任何时候，有目标都是非常重要的，同时还要给目标一个期限。不能着手做一件事情，爱做多久就多久。如果缺乏时限意识，那么等做好的时候，那个目标可能已经没有什么特别的意义了。

当一个人有了目标，并给自己一定的期限去实现目标的时候，就会靠近成功；而缺少目标的时候，并且从来没有想过要在什么时间把一件事情做得比较满意的时候，将很难取得自己的成就。

为自己所做的事情设定期限之前，首先要明确自己的目标是什么。很多人一辈子都从事一个工作，但却是一种单调的重复，很难有大的作为。

要知道自己擅长什么，当瞄准一个领域试图在上面有所作为的时候，为自己设定一个合理的期限，那么在这个期限到来之前必会如愿以偿。放下架子，冷静地面对形势，坚守一种健康、平和的心态，相信但不迷信，即使成功也要保持低调；从最平凡的工作着手，把一件事情做深做透，并最终把一个职业做成一份自己的事业。

总之，给目标一个期限，在工作中就会有无限的动力。在计划完成之前，绝对不允许自己走神，拿出全部精力把事情做好。当你养成这样的习惯，成功就会越来越近。

要特别重视正确把握自己的目标和限定达成目标的日期。像这样设定明确的目标是非常重要的。如果能正确地把握自己的目标，并限定达到的期限，就能产生把自己的力量发挥到极致的意愿，为实现目标而全力以赴。

一个富翁在高尔夫球场打球，他在草地边缘把球打进了杂草区。有一个青年刚好在那里清扫落叶，就和富翁一块儿找球。当时他很犹豫地说："先生，我想找个时间向你请教。"

"什么时候呢？"富翁问道。

"哦！什么时候都可以。"他似乎颇为意外。

"像你这样说，你是永远没有机会的。这样吧，30分钟后在第18洞见面谈吧！"富翁说道。

30分钟后他们在树荫下坐下。富翁说："现在告诉我，你有什么事要和我商量？"

"我也说不上来，只是想做一些事情。"

"能够具体地说出你想做的事情吗？"富翁问。

他对这个问题似乎既困惑又激动。他说："我不知道。我的意思是有一天想做某件事情。"于是富翁问他喜欢什么事。他想一会儿，说："我想成为这个高尔夫球场的经理。"

"原来如此，你有自己的目标，只是不确定要在什么时候去做，更不知道什么时候能够做成。"

听富翁这样说，青年有些不情愿地点头，说："我真是个没有用的人。"

"哪里。你只不过是缺乏整体构想而已。你人很聪明，性格又好，又有上进心。有上进心才会促使你想做些什么。我很喜欢你，也信任你。"

富翁建议他花一星期的时间估计什么时候能顺利实现自己的目标，得出结论后就写在卡片上，再来找自己。

一个星期以后，青年显得有些迫不及待，至少精神上看来像完全变了一个人似的，他再度出现在富翁面前。这次他带来明确而完整的构想，现任经理五年后退休，所以他把达成目标的日期定在五年后。

他在这五年的时间里确实学会了担任经理必备的学识和领导能力。经理的职务一旦空缺，没有一个人是他的竞争对手。

又过了几年，他的地位依然十分重要，成为公司不可或缺的人物。他根据自己任职的高尔夫球场的人事变动决定未来的目标。现在的他过得十分幸福，非常满意自己的人生。

青年正是由于听从富翁的建议，为自己的目标加上一个期限，最终在规定的时间里达成了当上经理的目标，收获了幸福的人生。

为目标设定一个实现的期限时，可以设下时间表，从实现目标的最终期限倒推至现在。比如，决定要在三年之内当上经理，则列下未来两年内要做到的程度，今年要做到的程度，每个月要做到的程度及每天该做的事。

没有不合理的目标，只有不合理的期限

对于成功来说，设立目标很重要，同时更重要的是，为自己的目标设定一个期限。

首先，设定了一个期限时，这个目标就会清晰地呈现在脑海中，表示自己一定要做到。设定了期限，就等于给自己的潜意识下达了一条清晰的指令，打开了潜意识中蕴藏的无穷力量。没有设定期限的目标不能算是一个目标。当设定了期限，而且把它写下来时，人才会下意识地考虑，这个目标是否是从现在的实际出发，是否可以做得到？假如一个目标，连自己都不相信可以做到的话，那么这个目标是不可能做到的。

其次，设定了期限后，你就会有一种紧迫感。马越骑越快，人越逼越勇。与此同时，你的潜意识开始接受这条指令，并自动执行。你的头脑就会开始酝酿达成目标的计划和方案，促使你快速地达成你的目标。

人有两种意识，即表意识和潜意识。表意识负责传达指令，而潜意识负责执行，把它变成现实。人类的潜意识是与宇宙自然无边的信息与资源相通的，拥有巨大无比的能量，它可以达成任何的目标！表意识给潜意识下达指令后，潜意识就会调动和吸引一切信息资源来达成表意识的需求。假如你没有设定期限，潜意识便不知道表意识何时要它完成任

哲学与人生——感悟人生的指南

务，也就无从着手。就像吩咐一个人去做一件事情而没有规定几时完成一样，他可以一天之内完成，也可以一个月，也可以变成遥遥无期。而无期就代表完不成。目标因期限产生能量。期限就是在给自己的潜意识下达最后的通牒，潜意识便自动调动一切资源，迅速达成自己的目标。

第五节　实现目标的法则

实现目标并不是一味地去做就够了。为了让目标更容易达成，人们应当遵循以下几个法则：

目标要全面衡量

设立目标是走向成功的重要开端，必须配合行动计划做充分的思考，舍得花时间，目标是行动的指南。否则，人就会走错路，做无用功，浪费宝贵的时间和生命。因此，无论如何，不能在设立目标时草率行事。

设定目标，要在自己的阅历、气质与社会环境条件等方面反复琢磨，论证比较，一定要把它作为人生最重要的事情来做，不能草率。否则会害了自己。

目标尽可能远大

目标愈高远，人的进步就会越大。也许很多人都有这样一个体会：确定只走1千米的时候，如果走完了0.8千米，很有可能让自己松懈下来，因为反正就快要到目标了，而且有一些累了，所以慢些快些也无所谓。但如果确定的目标是 10 千米，就会加倍地重视。作好思想准备和其他的完善工作，然后再开始起程。在行进中就会注意自己的速度、节奏与步伐，不断地启动自己的潜在力量。这样走了七八千米之后，人也不会因为累或由于其他原因而松懈下来。后面的冲刺还十分重要，一不小心就会前功尽弃，因此，可见设定一个远大的目标，不仅能够帮助你掌握自己，还可以最大限度地发挥自己的潜能。

远大的目标使人显得伟大。所谓远大的目标，无非是要考虑更多的人、更多的事，在更大的范围里解决更多的问题，将自己提升到一个更高的层次。因为渴望去干一番大事业，让自己达到成功的极限，这就需要一个人拥有更多的知识、技能，有些甚至要有所舍弃。在这些过程之中，每个渴望成功的人都会强迫自己不断地学习和适应，逐渐变得具备超于常人的知识、能力、胸襟，而结果便是：逐渐取得成功，得到旁人的尊敬和认同。

把目标写在纸上，随身携带

把目标写在卡片上，然后放在距离心脏最近的地方。如果一个人有很多目标，你可以把每一张卡片都放在口袋里。这样自己的口袋就会装满了写上目标的卡片，每当实现某个目标，就取出那张卡片。从事推销工作或商界的人士中，有很多人利用这个方法获得了成功。

小王虽然努力投入保险推销工作，但业绩始终不理想。看了很多关于目标的书籍，他相信自己之所以不成功，就是因为没有认真想过要创下纪录。于是他采取更积极的态度，在心里描绘自己获得最佳业绩的情景，下定了创纪录的决心。

他冷静思考了一会儿，决定了该年度的营业目标额。那是个惊人数字，根据他过去的业绩来看，几乎是不可能达成的目标。于是他把这个营业目标额和完成的期限写在了纸上，在上衣口袋里放了一年的时间。他深信这些写在纸上的话语能够成真：今年是我最好的一年。我要把所有的干劲和精力投入工作中，享受工作的乐趣。以积极进取的态度，相信能达到高于去年50%的业绩，在 X 年 X 月 X 日之前，我一定会实现这个目标。

一年后，营业额正好增加了50%。而且，小王的业绩仍在持续成长中。

不断设立新的目标

永远能感受到幸福的人，是对追求新目标保持兴趣、永远在向更高层次迈进的那些人。不少成功者常会满足地想，好不容易获得成功，终于可以安心了。可是，一旦有了这种想法，就再也感受不到成功的喜悦，也会失去向目标努力的乐趣。

美国有位著名的企业家，是几家著名大公司的董事长，他的事业发展速度之快，令人瞠目结舌。他在35岁时，就已在竞争激烈的商界赢得极高的地位。到了40岁，他对一切已感到厌倦，在他45岁时便宣称自己已经完成了一切，他的全盛时代结束了。

他这样感叹道："今后，我所能做的只是设法保住自己的地位，不被别人取代。现在想来，努力奋斗寻求发展的时代，要愉快得多。那是我人生中的黄金时期，现在再也领略不到那种乐趣了。"

与这位美国企业家相反，也有生活方式或思想与他全然不同的人。他们达到一个目标后，又接着设定下一个新目标，再度接受挑战，完成这个新目标。过去的梦想实现后，又抱着新的梦想，向更大、更能专心投入的目标努力迈进。

他们对生活、工作和获得成功永远能感受到相同的喜悦，始终保持旺盛的斗志，精力充沛、日新月异地昂首向前，不论在任何时刻都不会丧失热忱和创造力。

对不断进取的人来说，"目标都已达到"这种情况是不存在的，换句话说，他们每时每刻都在为自己新的目标奋斗不懈。

在美国中西部的某市，露丝应邀去一位极其成功的实业家的宅邸做客，他是创办美国某著名企业的大人物。

露丝很荣幸有机会把赫纳肖·亚尔加奖颁给他。这个奖旨在奖励出身寒微，力争上游，终于在社会上崭露头角的人。

"你是在哪里出生的？"露丝问他。

企业家的回答是令人意想不到的：

"我也不清楚，大概是亚特兰大市吧。我不知道自己的父母是谁，我是个孤儿，由养父母带大，然后带着几美元踏入了这个社会。"

他换了好几种工作，最后在印第安纳州福特·维因的一家餐厅当实习服务生。他既聪明又勤快，把工作做得很好。餐厅的主人看在眼里，就把俄亥俄州哥伦布快要倒闭的小店交给他经营，考验他的能力。

一开始，他无论如何也没有办法使那家小店兴旺起来，后来他找出业务不顺的原因是因为菜式过多，采购时容易浪费，因此没有利润。于是他减少菜式，果然生意日渐兴隆起来。后来他用自己赚的钱开了一个汉堡餐厅，因为他从小就喜欢吃汉堡。他以女儿的名字温迪作为店名。这家小店声誉远播，店面也逐渐扩大。

他就是迪布·汤姆斯，注意使用最好的牛肉，不断想出新点子，受欢迎的连锁店陆续开张。在他的干劲和信念的推动下，温迪连锁店现在已多达 3200 家，在快餐界排名第一。

但要是有人问他是否已经登上了人生的巅峰，迪布都会坚决地否认。

就是像迪布这样的人，使美国经济获得长足的发展。这些人不断设定新目标，来实现更高的目标。

真正的兴趣、永无止境的快乐和幸福感是在朝着目标努力拼搏时才能体会到的，而不是在达到目标之后。确定新的目标，以不变的斗志和进取心，再度面对挑战，这时才会有真正的快乐。

第 4 章

黑格尔：人应尊敬他自己

屠格涅夫说："自尊心是一个人品德的基础。若失去了自尊心，一个人的品德就会瓦解。"自尊能使自己与强者平起平坐。自尊是一只玻璃杯，请慎重地捧起，不要让别人打碎，更不要被自己打碎。自尊是一个人灵魂的脊梁，它应该是挺直的。自尊是人生的灵魂，失去它便等于失去生命。

第一节 自尊是人类最高贵的衣装

自尊是人生的灵魂

为什么在得到别人的肯定和赞扬时，就会开心？被别人讥笑、歧视或侮辱时，就会感到难过、生气、伤心？人都有自己的尊严，并注重维护这一尊严。为了维护自己的良好形象，人们不仅需要在容貌和衣着上修饰自己，还要在言行上约束自己，同时不容许别人歧视与侮辱，还期望他人、集体和社会对自己尊重。这是自尊心的表现。

得到别人的肯定和赞扬时会高兴，这是因为人们的自尊心得到了满足。反之，则是由于自尊心受到了伤害。自尊心是一个人品德的基础。若失去了自尊心，一个人的品德就会瓦解。

斯特那夫人说："自尊能使你与强者平起平坐。自尊，是一只玻璃杯，请慎重地捧起，不要让别人打碎，更不要被自己打碎。自尊是你的脊梁，虽然可以偶尔弯曲一下，但更多的时候，它应该是挺直的。自尊是人生的灵魂，失去它，便等于失去生命。"

80 多年前的一个冬天，美国南加州沃尔逊小镇上来了一群逃难的流亡者。镇长杰克逊大叔给一批又一批的流亡者送去粥食。这些流亡者显然已好多天没有吃到这么好的食物了，他们接到东西，连一句感谢的话语也来不及说，就个个狼吞虎咽，大口大口地吃起来。

只有一个人例外。当杰克逊大叔将食物送到他的面前时，这个脸色苍白、骨瘦如柴的年轻人问："先生，吃您这么多东西，您有什么活儿需要我做吗？"杰克逊大叔想，给一个流亡者一顿果腹的饮食，每一个善良的人都会这么做。于是他说："不，我没有什么活儿需要您来做。"

那个流亡者的目光顿时暗淡下去，他的喉结剧烈地上下动了动说："先生，那我就不能随便吃您的东西，我不能没有经过劳动，就平白得到这些东西！"杰克逊大叔想了想又说："我想起来了，我家确实有一些活儿需要您帮忙。不过，等您吃过饭后，我就给您派活儿。"

"不，我现在就干活儿，等干完了您的活儿，我再吃这些东西！"那个青年站起来说。杰克逊大叔十分赞赏地望着这个青年人，但他知道这个年轻人已经两天没吃东西了，又走了这么远的路，他已疲惫至极。可是不给他做些活儿，他是不会吃下这些东西的。杰克逊大叔思忖片刻说："小伙子，你愿意为我捶捶背吗？"说着，就蹲在那个青年人跟前。青年人只好也蹲下来，十分认真而细致地给杰克逊大叔轻轻地捶背。

捶了几分钟，杰克逊大叔十分惬意地站起来说："好了，小伙子，你捶得棒极了，刚才我的腰还直犯酸，可现在，它舒服极了。"杰克逊大叔说完，将食物递给青年人。青年人立刻狼吞虎咽地吃起来。杰克逊大叔微笑着注视着那个青年说："小伙子，我的庄园现在太需要人手了，如果你愿意留下来的话，那我可就太高兴了。"

哲学与人生——感悟人生的指南

那个青年人留下来，并很快成了杰克逊大叔庄园里的一把好手。过了两年，杰克逊大叔还把自己的女儿玛格珍妮许配给了他，杰克逊大叔告诉女儿说："别看他现在什么都没有，可他以后百分之百是个富翁，因为他有尊严！"

20多年后，那个青年果然拥有了一笔让所有美国人都羡慕的财富。这个青年人就是美国石油大王哈默。

哈默在流亡的时候，从不丢弃自己的尊严。在他取得世人皆知的成功之前，他就已经是一个富翁了。

正确认识自尊

在生活中常常会遇到这样两种人：懂得自尊的人和无知的虚荣的人。自尊是人类自身心理上的需要，是一种相信自身存在价值的情感自我评价力。而虚荣则是人类普遍具有的性格弱点。世界上任何事物，几乎都可以成为一个人虚荣的资本，如一副美丽的容貌，一头乌黑的头发，一个有出息的子女，一个有钱的父亲，一份潇洒的工作，一笔成功的交易……真是难以计数。但自尊与虚荣有着本质的区别，那就是自尊是建立在自信基础上的，而虚荣是建立在自卑和无知基础上的。

懂得自尊的人，有着对自我的正确认识，能正确地看待自己的长处与短处，并且敢于承认自己的缺陷，毫无隐瞒，愿意为改善自己而努力，并且相信自己的努力能够有所作为。在面对挑战时，自尊的人表现出的是在理性控制下的一股捍卫自我的正气。

而虚荣的人，尽管从表现上看，有时候会发现与自尊似乎相差不远，但只要仔细观察，就会发现其实质是很不相同的。虚荣的人在捍卫自己时表现的是一种盲目和不确定，对自己的言行会表现得缺乏思考，生活中处处瞒天过海，遮遮掩掩，不能面对现实，心理压力过大，甚至会出现前后矛盾，所以纰漏也不难发现。

虚荣是人的一种本能的性格的弱点，而自尊则是一种能力。虚荣是人天生的，不需要培养，是一种无知的表现，是对自己缺乏信心的表现。而自尊是需要培养才能形成的。虚荣对人的危害很大，虚荣的人不懂得正确的自我认识，甚至还会将明知是错误的说成是正确的、明知是假的说成是真的，不能摆正自己的位置，而目的仅仅是为了满足内心无法控制的虚荣。

长此以往，虚荣的言行必将损害一个人正常的社会交往，也会影响一个人成功的可能。虚荣的人很多都是确实具有一定能力的人，但又缺乏对自己的正确认识。就理性来讲，面对虚荣的人，不应简单的嘲笑、打击或者压制，因为这样做反而可能造成更大的反抗心理，导致其虚荣心的进一步膨胀，于人于己都不利，而应该以有效的方法来诱导其本身的能力和优点，让其发挥真正的作用，从而使其自身能在亲身的实践当中真正认识到自身的能力及能力的大小，再通过必要的沟通，帮助其实现对自我的正确认识和价值认同，走出无知的虚荣，获得高尚的自尊。

第二节　自尊是支撑灵魂的脊梁

屠格涅夫说："自尊心是一个人品德的基础。若失去了自尊心，一个人的品德就会瓦解。"

自尊是一个人必备的操守

　　朱自清是清华大学中文系教授。1948 年初人民解放战争进入最后阶段。6 月，北平学生掀起了反对美国扶植日本军国主义的运动。这时朱自清身患重病又没钱医治，但他毫不犹豫地在写着"为表示中国人民的尊严和气节，我们断然拒绝美国具有收买灵魂性质的一切施舍物资，无论是购买的或给予的"的宣言上签了自己的名字。8 月初，朱自清病情加重，入院治疗无效，12 日逝世，年仅 50 岁。临终前，朱自清以微弱的声音谆谆叮嘱家人："有件事要记住，我是在拒绝美国面粉的文件上签过名的，我们家以后不收国民党配给的美国面粉。"

　　朱自清宁可饿死也不领美国救济粮，这是饱含强烈爱国感情的自尊，是他灵魂的脊梁。

　　人生在世有许多高尚的品格，但有一种高尚的品格是人性的顶峰，这就是自尊。一般来说，一个没有自尊的人很难得到别人的尊重，只有相信自己，看得起自己，尊重自己，才能通过自己进一步努力，找到自己的人生价值，感受自尊的快乐。

　　尊重自己是人生的一道底线，是人生的一个亮点，自尊无价。尊重他人是人生的一门学问，是人生的一片风景。自尊即自我尊重，指："既不向别人卑躬屈膝，也不允许别人歧视、侮辱。"

　　那天，小明去采访一位获得政府表彰的盲人按摩师。

　　19 岁那年，原来健全的年轻人上山砍柴时不幸从岩顶跌落下来，掉在灌木丛中被树枝戳瞎了双眼。为了生活，他跟人学起了按摩，专治跌打损伤，并且摸索出一套独特的按摩疗法，给许多患者解除了病痛。为了解他，小明去了他执业的医院，亲眼见他如何工作。

按摩是件力气活，四十多岁身材胖胖的他，随着身体大幅度的摆动，脸上挂满晶莹的汗珠。他一边按摩一边与患者交谈，每当说到开心处，伴着响亮的笑声，两只深深的眼窝仿佛也盛满了快乐。下班后，他拿起盲人杖摸索着走到公共汽车站搭车回家，小明也跟去了。到了他家门口，小明才告诉他想进屋坐坐。开门的是他的妻子，也是一位盲人，衣着虽然朴素，但和丈夫一样洗得干干净净，裤缝也被精心地熨烫过了。

屋内陈设很简单，但是出人意料的整洁。当小明经过厨房时，留心望了几眼，不仅案明几净，晾在铁丝上的洗碗布也是干干净净的。说实话，即便在许多明眼人家里，也难见到这样整洁的厨房。客厅的地上放着一只大木盆，他的妻子充满歉意地说，被单还没有洗完。小明搬了一只小木凳坐在她的旁边，看着她洗。雪白的泡沫在她灵巧的手指间舞蹈，被单被她揉搓得一寸不漏。她笑道，以前邻居见她搓洗衣服，曾劝过她不必这么用心，即使洗不干净，谁又会笑话一个盲人呢？但她不这样想，别人搓一遍，她会搓十遍，"我这个人很好强，洗衣服也要比别人洗得干净。再说，虽然眼睛看不见，也不能糊弄自己"。待她抖落两手泡沫，小明和她一起把湿漉漉的被单晾晒在阳台上。暖融融的阳光下，微风吹拂着已经有些褪色的鹅黄色被单，它骄傲地飘动着，在小明眼中，那是一面写满尊严的旗。

不管别人尊不尊重你自己，首先自己一定要尊重自己。只有自尊的

人才懂得尊重别人，也才会受到别人的尊重。自尊是一个人的脊梁，自尊是一种无畏的气概，自尊是一个人必须必备的操守，也是人生的核心价值的体现。

尊严不需要同情和施舍

王强回家的路上，不知何时起，来了一个卖报纸的孩子，十岁左右的年纪，左腿截肢，拄着拐杖。王强从发现他起，每天都要买他一份报纸。

一天，一位老人递过去 1 元钱，要了一份当天的报纸后转身就走。孩子在后面喊着："爷爷，找你钱。"那五角钱，也许他当成了一种善意的馈赠，可是这个孩子却单腿跳跃着追出好远，把钱塞进老人手里。

再去买报纸的时候，孩子没有直接接过王强的钱，而是抬着头，嘴里一连串说出当天报纸主要新闻的标题。他说："今天的副刊是 E 时代，写的都是数码科技的知识，叔叔，你看你需要吗？不需要的话就明天再来。"

王强问他为什么要这么说，他不好意思地说："我在这里卖报纸，发现一些叔叔阿姨、爷爷奶奶是因为可怜我，才来买我的报纸。我希望，他们能把我看成是一个正常人，他们买报的原因是自身需要，而不是出于对我的同情！"

再后来，孩子的身边多了一个纸箱做的牌子，上面写着：报纸——每天 30 份。

几天后，王强又买报纸。

"今天不要钱的，叔叔，"小男孩把报纸递给他，"谢谢你们一直买我的报纸。我明天就开学了，不卖报了。今天的报纸送给你们。"他回头指着一辆崭新的自行车对我说："这是我用卖报纸挣的钱买的新车，以后上学方便多了。"

"家里人怎么不买给你，却让你自己出来赚钱买呢？"

"是我自己坚持要出来的，我想靠我自己赚的钱买一辆车。叔叔，你说，靠自己赚的钱买车，是不是说明正常人能做到的我也能做到，我看书上写着，这叫作人的尊严。"

王强被一个十来岁的孩子震撼了。

尊严对这个小男孩来说，就是不依靠别人的施舍，哪怕施舍是善意的；尊严就是不假借别人的手来实现自己的梦想；尊严就是他稚嫩的声音读出的报纸内容；尊严就是每天 30 份报纸，而不是利用别人对自己的同情去卖更多的报纸。

第三节　尊严是比生命更可贵的东西

珍视尊严

如果生命是树，尊严就是生长；如果生命是水，尊严就是流动；如果生命是火，尊严就是燃烧；如果生命是鹰，尊严就是飞翔。确切地说，尊严是高于生命的。假如一个人过着失去尊严的生活，那他只是一具行尸走肉而已，无法彰显人的人格，更无法彰显人存在的质量。

尊严是所有人与生俱来的。但自爱者珍视它，自弃者丢舍它。人，也就有了有无尊严之别。生活当中，无论贫富贵贱，都应有自己的尊严。因为拥有尊严，使人高大起来；因为崇尚高大，使尊严神圣起来。很多人一旦受到一点儿挫折，就一蹶不振，总希望天上能掉馅饼，希望有一个可以帮助他走出泥潭的人，就算不要尊严，也要过去所拥有的荣华富贵，宁愿出卖朋友也要得到身份地位。其实他的尊严已因他的行为而一去不返。

一个丧失尊严的人，精神是麻木的，他看不到别人的努力，看不出自己的软弱无奈。奴性十足的人愿意自动放弃自己的尊严，沦为权力和金钱的奴隶。丧失尊严，是走向沦落的先兆；麻木不仁，是埋葬尊严的墓碑。

更多的人珍惜尊严，只有懂得珍惜的人才能得到别人的尊重。每个人都知道维护自我尊严的方法，就是时时处处维护别人的尊严。如果一个人只关注自己的尊严，而对别人一味诋毁、蔑视。那么他的尊严会被更多被他轻视的人所鄙视，这种人的自私、狭隘使他永远失去做人的尊严。

尊严不仅仅是涉及世人的品质，尊严更是国家和民族的脊梁。无论贫穷还是发达，都要让世界人钦佩中国人，告诉他们，中国人的尊严是不可侵犯的。作为中国人，要为中华民族的精神而自豪，就算走上战场，失去生命，也绝不丢弃任何一片属于中国的领土。

尊严是"上帝赋予的丰厚的天机"，是人类与生俱来的本性，扎根于人的心灵，被自信所浇灌，为智慧所滋润，受着整个人类文明的哺育，折射出民族精神的灵光。

做一个受人尊重的人

人，皆有自尊；人，皆需自尊。毕达哥拉斯说过："无论是在别人眼前或者自己单独的时候，都不要做一点儿卑劣的事—最要紧的是自尊。"自尊犹如一面旗帜，凌驾于人们的生活、工作、感情之上；自尊犹如人生杠杆上的一个重要支点，赋予生命的意义。命运并不像人们想象中神秘，它只是人生过程中的一定境遇。有人说："它既是偶然性和必然性的统一，是客观的、可知的；它又是主观和客观的统一，是可以把握的，可以改变的。"

有的人自以为参透了人生，经常说："人的生命是一，其他都是零。"每天注重饮食、休息，不动怒，把财富看淡，认为只有生命是自己的，其他都是别人的；以为注重了养生就是大彻大悟了；身体健康是为了长寿，长寿的目的是为了干事业。如果为了长寿而长寿，实际上这些人并没有看透人生；如果一切以自我为核心，这样做是极度自私的表现。

做一个能得到多数人尊重的人。其中很重要的一方面便是做一个对多数人有帮助、有意义的人。毛泽东在《为人民服务》里说："古时候有个文学家叫司马迁的说过，人固有一死，或重于泰山，或轻于鸿毛。为人民利益而死，就比泰山还重。替法西斯卖力，为剥削人民压迫人民的人去死，就比鸿毛还轻。"

做人一定要有尊严，这里所说的尊严是指做人的尊严和民族尊严，不是指住别墅、开好车、穿名牌服装、当什么官、有多少钱。苏东坡命途多舛，但他流芳千古；范仲淹临死时，发丧连棺材都买不起，但他受到后人的歌颂。

匈牙利的裴多菲作了一首诗："生命诚可贵，爱情价更高。若为自由故，二者皆可抛。"很多人之所以能流芳千古，关键问题是他们不是为了自己活着。他们都有追求，为了大多数人的幸福，他们不惜牺牲生命。在尊严和生命的选择上，尊严高于生命。做到"当生则生，当死则死"。

第四节 自卑只能攻陷软弱的心灵

不和自卑纠缠

自卑是人的内心深处一种消极的自我评价或自我意识，即个体认为自己在某些方面不如他人而产生的消极情感，是一种危机心态。自卑是束缚创造力的一条绳索。要想成就一番事业，首先要做的一项工作就是拒绝和自卑纠缠。

世上有很多人因为对自己信心不足，而不能走出生存的困境。这种人就像一棵脆弱的小草一样，毫无信心去经历风雨。这就是说，缺乏自信，而在自卑的陷阱中爬来走去，是这些人最大的生存危机，自然就会导致挫败。如果不能从自卑中挣脱出来，那么就成不了一个能克服危机的人。

成功者与普通者的区别在于：成功者总是充满自信，洋溢活力，而普通人即使腰缠万贯、富甲一方，内心却往往灰暗而脆弱。那么，他们的共同点又是什么呢？就是人与生俱来的自卑感。有句话说："天下无人不自卑，无论什么人，在孩提时代的潜意识里，都是充满自卑感的。"

人生道路不可能一帆风顺，不如意的事常有八九。前进路上困难、挫折，预想的目标一时未能达到，甚至生理的某些缺陷，都可能使人产生一种自卑心理，自怨自艾，严重影响工作与学习，甚至走向自暴自弃。

心理学认为，自卑是一种过多地自我否定而产生的自惭形秽的情绪体验。其主要表现为对自己的能力、学识、品质等自身因素评价过低；心理承受能力脆弱，经不起较强的刺激；谨小慎微，多愁善感，常产生猜疑心理；行为畏缩、瞻前顾后，等等。

他是一个自卑的孩子，15岁，长得又瘦又小，而且他的家庭让同学们看不起，他父亲是卖水果的，母亲在学校边上做修鞋匠。

别的孩子全是这个城市中有钱的孩子，父母是有权有势的，他是一个例外，他的父亲没受过教育，花了很多钱让他上了这所重点中学。

从入学的那天他就受歧视。他穿的衣服是最不好的；别的孩子全穿有牌子的衣服，书包和铅笔盒都要几百块。有人笑话他的破书包，他曾经哭过，可他没告诉过父母，因为怕父母伤心难过，这个书包还是妈妈狠下心给他买的。

对他最好的就是张老师，张老师总是鼓励他，笑眯眯地看着他，张老师长得又年轻又漂亮，好多孩子都喜欢她。

圣诞节到了，所有孩子都给老师买了平安果，都是在那个最大的超市买来的。有包蛇果的，有包脐橙的，还有包苹果的。一个平安果便宜的要十元，贵的要几十元。他没有钱，他也不想和父母要钱，于是他煮了家里的一个鸡蛋送给了张老师。

他小心翼翼地拿着那个鸡蛋，用一张好看的红纸包上。同学们问他："你包的什么？怎么这么小这么难看？"他说："鸡蛋，送给张老师的。"

所有人都哈哈地笑着，他自卑地低下头。他想，送给老师，老师会不会也笑话他？

但想不到张老师不但没有笑话他，而且在全班同学面前说："同学们，这是张老师收到的最与众不同的礼物，这说明这个同学很有创意。其实不必给老师买什么平安果，有这份心老师就很高兴很感激了。"

他哭了，觉得老师对他真好。他总以为自己是穷人的孩子会受到歧视，总以为自己没有尊严，但老师给了他极大的鼓励。

老师还给他们讲了一个故事：从前，一个小女孩，家里很穷，她是个穷孩子。有一天，她的母亲带着她去给校长送礼，让孩子转到这个中心小学来，她的母亲把家里的唯一一只老母鸡送给了校长，那时的校长是村长的儿子，她和母亲说明了来意，并且把那只老母鸡送给了校长。校长说："谁要这东西？我们早吃腻了老母鸡，连小柴鸡都不爱吃了。"

那句话刺伤了小女孩和她的母亲。她们没有去成中心小学，小女孩还在她们村子里上小学，但她明白了自己应该发奋努力，年年考第一。最后，她以全乡第一的成绩考上了县里的一中，后来，她又考上师范，在一所小学里教书。

孩子们听完那个故事都很感动。张老师说："那个女孩子就是我。"

他听了，眼里已经有了眼泪。没想到，张老师也是穷苦孩子出身，也给人送过礼，而且被拒绝了！相比而言，他多幸福啊。

老师说："同学们，大家应该知道，每个人都是有尊严的，无论贫穷还是富有，所以，这个鸡蛋是不是老师收到的最好的礼物？"大家都鼓起掌，而他趴在桌子上，哭了。

我们每个人都知道，自信是所有成功人士必备的素质之一，要想成功，首先必须建立起自信心，而你若想在自己内心建立信心，即应像清扫街道一般，首先将相当于街道上最阴湿黑暗之角落的自卑感清除干净，然后再种植信心，并加以巩固。信心建立之后，则新的工作机会就会伴随而来。

加强信心的方法

一、分析自卑原因

首先，你应观察自己的自卑感是由什么原因造成的。你会发现原来自己的自我主义、胆怯心、忧虑及自认比不上他人的感觉或许小时候就已存在，而自己和家人、同学、朋友之间的摩擦往往是由自卑的消极心态造成的。若对此能有所了解，则你就等于已踏出克服自卑感的第一步了。为了证明你不再是小孩，你若能将小时候不愉快的记忆从内心清除，即表示你向前迈进了一步。通过全面、辩证地看待自身情况和外部评价，认识到人不是神，既不可能十全十美，也不会全知全能这样一种现实。

人的价值追求，主要体现在通过自身智力，努力达到力所能及的目标，而不是片面地追求完美无缺。对自己的弱项或遇到的挫折，持理智的态度，既不自欺欺人，也不将其视为天塌地陷的事情，而是以积极的方式应对现实，这样便会有效地消除自卑。

二、写下自己的才能与专长

将自己的兴趣、嗜好、才能、专长全部列在纸上，这样，就可以清楚地看到自己所拥有的东西。另外，也可以将做过的事制成一览表。譬如，会写文章，记下来；善于谈判，记下来；会演奏几种乐器，会修理机器，等等，都可以记下来。知道自己会做哪些事，再去和同年龄其他人的经验做比较，便能了解自己的分量。

三、面对自己的恐惧

请牢记，对自己绝不可放纵，你应正视自己的问题，试试从正面去解决。譬如你害怕在大庭广众前发表意见，就应多在大庭广众前与人交谈；如果你为了加薪问题想找上司谈判，但因心生胆怯，事情一拖再拖，一直无法获得解决。建议不妨一鼓作气地走到上司面前，开门见山要求加薪，相信结果一定比你想象的要好。因此，如果你现在心里有尚未完成而需要完成的事，切勿迟疑，赶快展开行动吧！

四、努力补偿

通过努力奋斗，以某一方面的突出成就来补偿生理上的缺陷或心理上的自卑感。有自卑感就是意识到了自己的弱点，就要设法予以补偿。强烈的自卑感往往会促使人们在其他方面有超常的发展，这就是心理学上的"代偿作用"，即通过补偿的方式扬长避短，把自卑感转化为自强不息的推动力量。

　　解放黑奴的美国总统林肯，补偿自己不足的方法就是教育及自我教育。他拼命自修以克服早期的知识贫乏和孤陋寡闻，他在烛光、灯光、水光前读书，尽管眼眶越陷越深，但知识的营养却对自身的缺乏作了全面补偿，最后使他成了有杰出贡献的美国总统。贝多芬从小听觉有缺陷，耳朵全聋后还克服障碍写出了优美的《第九交响曲》。

许多人都是在这种补偿的奋斗中成为出众的人的。古人云："人之才能，自非圣贤，有所长必有所短，有所明必有所蔽。"故而从这个角度上说，天下无人不自卑。通往成功的道路上，完全不必为"自卑"而彷徨，只要把握好自己，成功的路就在脚下。

第五节　自傲并不是自尊的叠加

自尊和自傲的区别

自尊即自我尊重，是个体对其社会角色进行自我评价的结果。

他是一家上市公司的老总，腰缠万贯，很久没有坐公共汽车了。有一天，他突发奇想，想体验一下普通百姓的生活。他上了公交车，投了硬币，找到一个靠窗的座位坐了下来。

车上的人渐渐多了，他闭上眼睛休息。忽然，有个尖厉的声音向他砸来："你就不能让个座啊？一个大男人一点儿都不绅士！"

他睁开眼睛，看到一个妇女抱着一个婴儿站在他前面。而那个抛出尖厉声音的女孩儿继续对着发愣的他吼道："瞅什么瞅，说你呢！"

全车的人都朝他这里望过来，他的脸就红了。他赶紧站了起来，把座位让给了那个抱孩子的妇女。在下一站，他狼狈地逃下了车。下车前，他狠狠地看了一眼那个牙尖嘴利的女孩儿。

他的公司要招聘，在面试的时候，他亲自进行把关。他见到了一个面熟的人——是她，那个让他出丑的女孩儿。不是冤家不聚首，他在心里暗暗得意，终于有报复她的机会了。

女孩儿也认出了他，神情顿时紧张起来，额头上冒出细密的汗珠。

"你把我们每个人的皮鞋都擦一遍，就可以被录用了。"他对她说。她站在那里，犹豫了很久。

他在心里断定这个倔强的女孩儿是不会屈尊的，继续挑衅般地催促着她，没想到她竟然同意了。

她给几个考官擦完鞋子以后，他当众宣布，她被录用了。

她并没有显得过于兴奋，只是微微地向众考官们道了声谢谢，然后对他说："算上您，我一共擦了五双鞋子，每双两元钱，请您付给我十元钱。然后，我才可以来上班。"

他无论如何也没有想到女孩儿会这样说，只好很不情愿地给了她十元钱。更让他意想不到的是，女孩儿拿着十元钱走到公司门口一个捡垃圾的老人身边，把钱送给了老人。

从此，他对这个女孩儿刮目相看。事实上，女孩儿在日后的工作中，确实表现得非常出色，业绩出众。

有一天，他忍不住问她："当初我那样难为你，你的心里有没有埋怨？"

女孩儿却答非所问："我弯下腰，只为了换一个可以昂起头的机会。"

这个故事很有意义，很富有哲理的意味。从中可以获得对于自尊和自傲的区别的深层认识。

自尊是通过社会比较形成的，是个体对其社会角色进行自我评价的结果。自尊首先表现为自我尊重和自我爱护。自尊还包含要求他人，集体和社会对自己尊重的期望。

而自傲则和自豪并不一样。自傲，一般指自以为比别人高明而骄傲，也有自豪的意思。一个人处事不能太自傲，有很多不良的后果，很多伟人都教育人们不要自傲。

做人不能太自傲

在多数情况下，自傲是一个人思维和行为恶性膨胀的结果。当一个人不能够正确摆正自己在社会与生活中的位置时，其心理就会向正负两个方面发展。一方面是自卑，另一方面则是自傲。

曾有人说自傲是生活在自己的影子里，而且这种影子还是日落西山的影子。这话很有道理，日落时的影子斜斜地照过来，小猫就会变成老虎，跳蚤也会变成大象。而自傲的人则对这种虚假的现象信以为真，整天生活在自己膨胀的思维里，不可一世，不能自拔。

自傲的人是悲剧型的人物。他们的可悲之处就在于错误地估计了自己的能力。对于他们自己在社会中的行为，他们绝不是有意为之的，而是自然而然的表现。他们从本质上不是为了粉饰自己，而是气壮如牛，胆大如斗，以为自己原本就有如此的能耐。所以，当他们被某一件事情撞得头破血流的时候，心里在绝不承认自己失败的同时，嘴里还骂着别人诸多的不是之处。当一个人不能够认识到自己的错误反而认为自己的行为是正确时，他必然要编造另一个错误来掩盖前一个错误，以此来证明自己前一个错误的正确性。如此一来，错误与错误相连，荒谬与荒谬衔接，造成了自傲之人其人格上的极大缺陷。

自傲并不是十分可怕的事情，有时它尚能增强一个人面对某一件困难的勇气，树立个人的自尊。但当一个人的自傲心理无限膨胀的时候，却是十分可怕的。

一般情况下，自傲的人都有两个最显著的特点：一个是除我非谁，任何事情任何时候我都是最好的；另一个是固执己见，不能接受任何新生事物。

自傲的人一般都有某一个方面的优势。比如文笔尚好，比如得某位上级的赏识，比如腿快手勤，比如仕途初显，比如掌握了某项技艺，如此等等。在公司里，他们大多尚能捉笔舞墨，论章没句，而且以此仕途小有成就。可惜他们以一点而论全局，以一斑而窥全豹，自以为知其一而懂十，懂其十而得万。自傲心理不断膨胀，天下之大，以我最能。上司不如我，群众不如我，同事更不如我。

实际上，自傲的人左手攥着的只是一只充满了气的气球，右手攥着一只锋利的钢针，不用人家打破它，他自己在手舞足蹈之际，早晚能听到"嘭"的一声爆响。一个人如果永远被自己的影子挡着，那他就永远是被人们厌弃的人。其实，每一个人或多或少地都存在着某种自傲的情绪。这是一种人性之中不可避免的心理误区。关键是人们如何提高自身的内观能力，自觉地排除自己的心理缺陷，让人生在某一点最合适的位置上发光。

第六节　人人都渴望被肯定

不为一句赞赏失去自尊

在理想中，人际关系都应该以彼此间的真诚尊重、畅顺沟通和关怀体谅为基础。可惜的是，实际情形并非如此。有些人常常对别人步步紧逼，不断地提出请求、需索和进行试探，直到遇到对方抗拒为止。而另一方面，有些人则不肯抗拒这些试探，事后却找出种种理由来解释他们何以永远被欺侮。

李艾有个朋友，不断向她借东西，但从不归还。李艾鼓不起勇气向她追讨。她的解释是："如果我去质问她，就会伤害她的感情，而她又是我很要好的朋友。"

约翰在工作单位里有个能言善辩的同事，三番五次地说服约翰替他做一部分工作。约翰一向把自己视作愿意为别人帮忙的好好先生，可是他也知道自己的好心只是使那个同事腾出点时间去进行交际应酬。约翰的解释是："老是找不到适当时机和场合来提起这个问题。"

安德莉亚对她的两个孩子所要求的任何事情，不论是购买新玩具，还是迟迟不上床睡觉，或是不做作业而看电视，差不多全都答应。安德莉亚的解释是："他们只是孩子，满足其要求会使他们快乐。"

像李艾、约翰和安德莉亚这样的人，往往为了想让别人赞许和肯定而牺牲了他们的自尊。他们不知道怎样拒绝别人——而正因为这样，他们吃亏不少。但人是可以改变的。如果有人认为自己也像李艾、约翰或安德莉亚一样，那么可以学会利用一些方法来表明自己的感受和希望，保护自身人格的完整，获得别人的尊重。

塑造完整人格和获得自尊的办法

第一，不要给别人一个现成的托词。

辨认并纠正一般消极的人所共有的不适当的沟通方式，例如："近来你天天迟到，不过，我知道你不是一个早起的人，要那么早就开始工作是很难的。"如果给了对方一个借口，他便会认为你可以容忍他的所作所为，从此他就会继续迟到。同时他还认为你是个软弱无能、不愿贯彻意旨的人。

第二，提出合理要求时不要表示歉意。

不要过分宽限任务，例如："我真的要在星期五看到那份报告，不过我可以等到下星期。假如事情顺利的话，也许再迟一点儿也无妨。"去掉那些"假如"和"不过"之类的字眼吧。直截了当地说明你希望那份报告什么时候完成，既能防止误解，又可以使报告更有可能及时交卷。

第三，不要把你的责任推给别人。

例如："老板说你应该……"或是"你妈妈说你必须……"之类的说法，虽然可使说话的人不负责任，但却使他变成了一个毫无实权的传话者。假如一开始就说"我要你做……"，人们就会把你看作是一个有担当的人。

在消除沟通上的不良习惯时，必须用更为有力的办法来代替。下面有几种办法供你试用。

其一，不可操之过急。先在个人的人际关系中使用一两种，然后再使用其他几种。要记住，前后一致和坚持不懈是非常重要的。

其二，要直截了当地把期望说得清清楚楚。消极的人常常以为，他们就是不吩咐，别人也会知道该怎么做。这往往会引起许多不必要的问题。说明问题之前要考虑透彻，脑子里先要有个概念。事先把事情想通想透，才能陈述得合情合理。

其三，碰到问题立刻解决，躲避问题只能使问题更加严重，更难解决。如果你对小的问题都能及早处理，那无疑是一开头就说明了你的期望，而别人也就能确实知道应对的角度。

其四，小心选择要解决的问题。新手在维护自己权利时常会做得过火，在同一时间解决太多问题，以致往往弄得焦头烂额。如果能适当选择问题，便更能控制局面，取得较大的成功机会。

其五，表现自己时不可愤怒。如果只在怒不可遏的时候表现自己，那表示这个人是软弱的。假如不能平心静气地表现自己，对别人的反应便可能过于激动。况且，当大发脾气的时候，别人很可能会为自己辩护。这样，真正的问题通常便解决不了。同样的道理，如果别人听了言论之后产生过分激动的反应，也不应感到愤怒。毫不动气，相形之下可以显示出对方的态度很不成熟，而且，表现得镇定通常还能使对方冷静下来。

其六，利用自己的地盘。就像球队在本地和外地比赛，在本地比赛常较易获胜。维护自己的权利也是一样。在一位同事的办公室或他的家里和他对抗，往往会处于下风。因此，在可能范围内，最好在自己的"领地"坚持意见，这样便可以占到不少微妙的便宜。

利用非语言的暗示说话时，眼睛要与对方保持接触。不要反复不断地说明你的理由，要用停顿来加强效果。用适当而非挑衅性的手势来强调你的论点。不要虚作恫吓。在虚张声势的时候，即使年幼的孩子也知道。要建立威信，就必须说明你的合理期望，以及说明如果这些期望不能达到时会产生什么后果，然后贯彻到底。要赢得别人对你的尊重，只有让他们确实知道你言出必行。从消极变成积极并不是一条易走的路。

你会失去一些亲密或友好的关系。但是，为了争取自己的自尊心，即使失去几个人的好感，也是值得的。当你让别人知道，他们对你的态度应该像你对他们的态度一样时，更为健全的新关系就会产生。毕竟，你的人际关系如何，应该由你自己负责。

尊重他人是一种高尚的美德，是一个人内在修养的外在表现。尊重，是人的一生修养以及自我内涵的表现，也是人所必须具有的品质。尊重，简单地说，就是一种品德。它反映的是一个人的文化素养，道德修养，同时也反映了一个民族的文化底蕴。尊重是一种品德，无论是在学习、工作还是生活中，无论是对同学、老师、领导、同事或是邻居、朋友甚至家人，都应该自觉践行尊重，因为每一个人都希望得到他人的尊重。

在现实生活中，经常有许多人不注意尊重他人：同学之间、师生之间、上下级之间、同事之间、左邻右舍、亲朋好友甚至家人之间，有时候完全以自我为中心，不注意别人的感受，不给对方留下足够的心理活动时间，与别人谈话时，只顾自己侃侃而谈，不给对方插话的机会；在听别人倾吐心事时，东张西望，左顾右盼，心不在焉；对给自己提意见的人耿耿于怀，对批评自己的人做出不礼貌、不文明甚至粗野的言谈举止，等等。这都是不尊重他人的不文明行为。

当然，在我们的日常学习、工作和生活中，难免会遇到对方有意或无意做了伤害你的事情，在这种情况下你是以其人之道还治其人之身？还是以宽容的态度原谅对方？如果你能换一个角度思考这个问题，以别人难以达到的大度和宽阔的胸怀来对待处理，那么你的形象就会高大起来，你的宽容和大度就会让你的人格折射出更加高尚的光芒来。这样你就会获得更多的尊重，在今后的学习、工作和生活中，他们也一定会加倍回报你的。

你对别人的尊重其实不仅是尊重了别人，同时也是尊重了自己，因为尊重也会使别人对你肃然起敬。同学之间、同事之间、邻居之间、师生之间、上下级之间要学会互相尊重，就是夫妻之间也应该互相尊重，越是亲近的人，你说话越不能放肆，因为越是亲近的人越容易受到伤害。领导对下属的尊重更加会显示出领导者的水平来，特别是一个单位的主要领导，本来就处在高处不胜寒的层面，你对下属说话和蔼可亲，不当众让下属难堪，关心和体谅下属在工作和生活中的难处，会使下属心情舒畅，会使其努力工作，更能赢得下属的尊重。

　　所以说，人的内心都渴望得到他人的尊重，但也只有你先尊重了他人才能赢得尊重。常言道：送花的人周围都是鲜花，种刺的人身边都是荆棘。就让我们每一个人都去先尊重别人吧！因为尊重别人就是尊重你自己！

第 5 章

柏拉图：人若勇敢就是自己最大的朋友

人们总是崇尚勇敢，勇敢是每个人所追求的性格境界。因为物竞天择，勇敢的人会有更强的竞争力，能更好地立身于世。勇敢或许没有具体的标准，但勇敢的人必有一颗勇敢的心。

第一节　勇敢是美德的最佳伴侣

　　人类历史每前进一步，都要战胜无数的艰难险阻，而已取得的每一次进步，都与那些思想先驱、伟大的发现者、爱国者以及各行各业的英雄人物所表现出的无畏的勇气分不开。每一个真理的诞生、每一种学说的认可，都是勇于正视铺天盖地而来的贬斥、诽谤和迫害的结果。海涅说："伟人用灵魂说真话的时候，也是他受难殉道的时候。"

　　许多人毕生都在寻求真理，在浩瀚的典籍中苦苦追寻，终于用辛勤和汗水揭开了真理的面纱。懦弱的人和不幸的人永远只是渴望真理而得不到真理。只有勇士，为真理而战的勇士，才能真正地沐浴在真理的光辉之中，因为他们热爱真理，不惜一切捍卫真理，虽然转瞬即逝，却是他们的一种最幸福的真切体验。

勇于追求自己的信仰

　　苏格拉底的学说有违于他所处时代的人们的普遍认识和教派精神，被判饮鸩自尽。他被指控蔑视国家守护神和败坏雅典青年，但是，他凭着道德勇气，勇敢地面对专制法庭对他的控告，也面对那些不能理解他的群氓和暴民。他临死前发表了万古不朽的演说，他最后对法官们说："我即将死去，而你们还活着，但是除了英明的上帝，谁也不会知道我和你们的命运哪一个更好。"

早期的英国思辨哲学家奥卡姆被教皇开除教籍，流放到慕尼黑。幸好，德国皇帝很友好地接待了他。

宗教法庭也将维萨里视作"异端分子"，因为他揭示了人体的奥秘，就像布鲁诺和伽利略揭示了天体的奥秘一样。维萨里用实体解剖来研究人体结构，勇敢地打破了人体研究方面的禁区，为解剖学奠定了坚实的基础，却为此付出了生命的代价。他被判死刑，后来由于西班牙国王的求情，减为千里迢迢去朝觐圣地。可是在他回来的途中，因为发烧和贫困，悲惨地死在了桑德，当时正是他生命的旺盛时期——又一位科学的殉道者。

弗朗西斯·培根是英国鼎鼎有名的哲学家，当时他的《新工具》一书刚发表，就掀起了轩然大波，人们纷纷反对，认为这本书有产生"危险革命"的倾向。有一个叫亨利斯·塔布的博士专门写了一本书痛斥培根的新哲学（要不是这样，他的大名也不会流传到现在），将所有经验主义哲学家视为"新培根一代"。连英国皇家协会也认为，《新工具》一书所阐释的经验哲学思想会颠覆，动摇基督教信仰。

哥白尼的拥护者被宗教法庭当作异教徒加以迫害，其中一位就是开普勒。他说："我总是站在与上帝命令不一致的一边。"甚至连最淳朴、最没有心机的牛顿（伯奈特主教说牛顿是最纯洁最聪明的人）也因为万有引力定理的发现被判"亵渎上帝"。同样，富兰克林因为揭示雷电之谜而被判有罪。

斯宾诺莎的哲学观点有违犹太教教义而被逐出教籍，并一直遭到追杀。但他毫不畏惧，凭着勇气自力更生，虽然非常贫困凄凉，但自信丝毫未减。

同样，笛卡尔的哲学被斥为敌视宗教；洛克的学说被说成产生了唯物主义；布坎南、塞奇威克及其他资深地理学家被指控有推翻《永示录》中有关地形及其历史的启示的倾向。的确，无论是天文领域，自然历史领域或物理学领域，没有一个伟大的发现不会受到偏激和狭隘之人的攻击而被加以"异端邪说"的罪名。

有一些未被控诉为敌视宗教的伟大的发现者，依然受到来自同行、公众的嘲笑和谩骂。哈维博士的血液循环理论公之于世之后，医疗业务锐减，以至于被医学界公认为是个十足的傻瓜。约翰·韩特尔说，他做的仅有的几件好事，都用了极大的努力去克服困难，也用了巨大的勇气去面对各方的反对。查尔斯·贝尔先生在神经系统研究的一个重要阶段曾写信给朋友说："如果我没有这么贫困，如果我没有遇到这么多的烦恼，我该是多么幸福啊！"他的研究已被列为生物学上最伟大的发现之一。可是，自从他的发现公之于世之后，收入来源也明显减少了。

可见，那些让人们更加了解地球和人类自身的知识领域的拓展，都离不开各时代中的伟人的热情奉献、自我牺牲和英雄气概。无论这些伟人被怎样地谩骂和反对，他们依然昂起头勇往直前。

人们可以从这些不公正地、偏狭地对待科学巨人的事例中得到警示。对于那些认真勤奋、诚实耐劳并毫无偏激地说出他们的信仰的人，每个人应该显示出宽容的风度，而不是以势压人。所以，认真研读"上帝的书信"，才会更加深刻地理解它的真正含义，会对世界及人类自身有一个更深入的了解，也更加尊重人类的智慧和力量，更加感激世界给予人类的恩赐。

这些科学殉道者的勇气是那样令人敬佩，他们在真理面前无所畏惧，

哲学与人生——感悟人生的指南

在孤独中忍受一切不公正的待遇，即使没有一丝一毫的鼓励与同情，也决不放弃他们的追求。其中表现出来的勇气要比在炮火连天、杀声震天的战场上的勇气高尚得多。在战场上，最懦弱的人也会因战友的同情和军中勇士的激励而勇往直前。随着时间的推移，他们的名字也许会被人渐渐淡忘，但在真理的战场上慨然赴死的人是真理最虔诚的信仰者。

这些有高度历史使命感的人，显示出了大无畏的精神，并为人们做了一些极其睿智的历史预测。

死一万次的勇气

英国的约翰·埃利奥特先生在将被处以极刑时说："我宁可死一万次也不愿背弃我纯洁的良心，它在我心中胜过世上的一切。"最让埃利奥特放心不下的是他的妻子，但他不得不弃她而去。他在赴刑场的路上看到妻子正透过塔楼的窗户注视他，他立即站起来，挥舞着礼帽喊道："亲爱的，我要去天堂了，却把你留在了地狱。"这时，人群中有人喊道："这是你一生中坐过的最光荣的座位！"他十分兴奋地答道："是的，你说得太对了。"而且，他在《狱中随想》中写道："死有什么可怕，生死是人生必经的时刻。死得其所远远强于忍辱偷生。明智的人只有发现生比死更有价值，才会顽强地生存下去。寿命的长短并不代表了人生价值的高低。"

成功是对那些长期坚持不懈、辛勤奋斗的人们的赏赐，可是他们一直在看不到希望的情况下坚韧不拔地奋斗着。他们必定是依靠了勇气的力量才得以生存—在黑暗中播种，在希望中生根发芽，也许有一天就根深叶茂、硕果累累了。崇高的事业总是要经历许许多多的失败才能取得成功。很多斗士在黎明到来之前就倒下了。因此，成功与否并不是用来衡量是否有英雄气概的标准，那些在艰难险阻和斗争中显示出来的勇气才是衡量是否具有英雄气概的真正标准。

那些屡败屡战的爱国者，那些在敌人得意扬扬的叫嚣声中慨然赴死的殉道者，以及那些伟大的探险者，比如哥伦布，在艰苦的远航岁月里依然保持了一颗顽强的心，他们才是崇高道德的楷模。比起那些完美的显著的胜利，他们有更激动人心的一面。

诚实的勇气

宋朝时有个叫王拱辰的人，他自幼家境贫寒，很小的时候父亲就去世了，留下无依无靠的母亲和四个孩子。王拱辰是长子，于是他就和母亲一起挑起了家庭的重担。王拱辰孝顺母亲，生活俭朴，诚实守信，常受乡里人夸奖。他还喜欢读书，而且非常刻苦，经常是天不亮就起床，甚至是半夜醒来也要翻一翻书。

王拱辰通过多年的努力，到 20 岁的时候，已经能写一手的好文章，于是他就参加了乡试和会试，成绩都很优秀。后来，他到京城参加皇帝亲自主持的殿试。皇上认真审阅了每一个考生的考卷，发现王拱辰的文章立论新颖，见解独到，文笔流畅，没有人比得上他，于是就把王拱辰定为状元。

第二天，皇上把考中前三名的书生都召集到王宫的大殿上，在早朝上当着文武百官的面宣布了他们的名单。其他两个书生都赶紧跪下磕头谢恩。王拱辰不但没有谢恩，反而说："陛下，小生不配当状元，请您把状元判给别人。"金銮殿上的人都议论纷

哲学与人生——感悟人生的指南

纷，科举考试已有四五百年的历史了，从没听说哪个人把到手的状元往外推，这真是天下奇闻。皇上听了也很纳闷，就询问原因。

王拱辰说："陛下，我也是十年寒窗苦读，做梦都想中状元。可是这次考试的题目不久前我刚好做过，所以被选上状元是侥幸。如果我默不作声当上了状元，我就是个不诚实的人。从小到大我都没有说过谎话。我不想为了当状元，就败坏自己的德行。"

皇上听了，非常感动，特别赏识王拱辰的诚实，认定他将来一定会成为国家的栋梁之材。于是皇上就说："此前做过考题，是因为你勤奋，况且从你的文章里可以看出，你表达的是自己的真实想法，理应选为状元。再说，你敢于说真话，能够诚信做人，这才是一个堂堂状元应该具有的品质，你的诚实比你的才华更可贵。因此，朕一定要选你做状元，你就不要推辞了。"

就这样，王拱辰成为历史上有名的诚信状元。他在朝中做官55年，以自己诚信正直的品格和出众的才华，得到百姓和官员们的尊敬。

金銮殿上的王拱辰说出真相，需要多么大的勇气！勇气撑起了诚信的脊梁。诚实的人最终会有好的回报，对他人诚实的时候，自己的形象也就高大了。得到别人的尊重，才能得到更多前进的机会。

无论如何，每个人更需要生活中的勇气，比如诚实、正直，它们不像历史事件中所表现出来的英雄式的勇气，而是真实生活的勇气。因犹豫不决和懦弱导致的不幸和罪恶，其实就是缺乏勇气的表现。他们知道什么是对，什么是自己应尽的职责，可就是没有勇气付诸实践；他们软弱而缺乏磨炼，在诱惑面前俯首跪拜，根本没有说"不"的勇气；如果他们交友不慎，就更容易误入歧途。

第二节　勇于承担自己的责任

一位伟人说过："人生所有的履历都必须排在用于负责的精神之后。"勇于负责的精神是改变一切的力量，它能够改变平庸的生活状态，使一个人变得杰出和优秀；它可以帮一个人赢得别人的信任和尊重，从而强化你脆弱的人际关系；更重要的是，它可以使一个人成为好机会的座上宾，频频获得它的眷顾，从而扭转向下的职业轨迹。如果一个人已经足够聪明和勤奋，但依然成绩平庸，那么就请审视自己是否有勇于负责的精神。只要拥有了它，就可以获得改变一切的力量。

在这个商业化的社会里，老板越来越欣赏那些敢于承担责任的员工。因为只有这样的人才能给人以信赖感，才值得去交往。也只有这样的人，才具备开拓精神，才能为公司带来效益。所以，在做事的过程中，每个人应该要求自己具备这种勇于负责的精神。

要想赢得机会，就得勇于负责。一个普通的员工，一旦具备了勇于负责的精神之后，他的能力就能够得到充分的发挥，他的潜力便能够不断地得到挖掘，从而为公司创造出更大的效益。同时，也让他本人的事业不断向前发展。

踏实做事就是勇于负责的表现

勇于负责就要踏踏实实地把事做好。勇于负责的精神，说到底就是一种踏踏实实地把事情做好、做到底的态度。

美国塞文事务机器公司董事长保罗·查莱普说："我警告我们公司里的人，如果有谁做错了事，而不敢承担责任，我就开除他。因为这样做的人显然对我们公司没有足够的兴趣，也说明了他这个人缺乏责任心，根本不够资格成为我们公司里的一员。"

勇于负责是一种积极进取的精神。当一个人想要实现自己内心的梦想，下决心改变自己的生活境况和人生境遇时，首先要改变的是自己的思想和认识，要学会从责任的角度入手，对自己所从事的事业保持清醒的认识，努力培养自己勇于负责的精神，这才是成功的最佳方法。

在一家电脑销售公司里，老板吩咐三个员工去做同一件事：到供货商那里去调查一下电脑的数量、价格和品质。

第一个员工五分钟就回来了，他并没有亲自去调查，而是向下属打听了一下供货商的情况，就回来做汇报。30分钟后，第二个员工回来汇报，他亲自到供货商那里了解了一下电脑的数量、价格和品质。第三个员工90分钟后才回来汇报。原来，他不但亲自到供货商那里了解了电脑的数量、价格和品质，而且根据公司的采购需求，将供货商那里最有价值的商品做了详细记录，并和供货商的销售经理取得了联系。另外，在返回途中，他还去了另外两家供货商那里了解一些相关信息，并将三家供货商的情况做了详细的比较，制定出了最佳购买方案。

结果，第二天公司开会，第一个员工被老板当着大家的面训斥了一顿，并予以警告，如果下一次在出现类似情况，公司将开除他。第三个员工，因为勇于负责，恪尽职守，在会议上收到老板的大力赞扬，并当场给予了奖励。

无论做什么工作，都应该静下心来，脚踏实地地去做。要知道，一个人把时间花在哪里，就会在哪里看到成绩。只要勇于负责、认认真真地做，成绩就会被大家看在眼里，认真去做的行为就会受到老板的赞赏和鼓励。

　　千里之行，始于足下。任何伟大的工程都始于一砖一瓦的堆积，任何耀眼的成功也都是从一步一步中开始的。聚沙成塔，集腋成裘。不管现在所做的工作是多么微不足道，也必须以高度负责的精神做好它。不但要达到标准，而且要超出标准，超出老板和同事对我们的期望，成功也就是在这一点一滴的累积中获得的。

　　那些在职场上表现平庸的人都不愿受约束，不严格要求自己，也不认真负责地履行自己的职责，如果没有外在监督，根本就不认真工作。任何工作到了他们的手里都得不到认真对待，最终他们得到的就是年华空耗，事业无成。以这种敷衍态度对待工作还谈什么谋求自我发展，提升自己的人生境界，改变自己的人生境遇，实现自己的人生梦想呢？

　　只要还是公司的一员，就应该抛弃借口，丢掉脑中消极懒散的思想，全身心地投入到自己的工作之中，以勇于负责的精神去对待自己的工作，时时处处为公司着想。只有这样，才能成长为一个真正具备勇于负责精神的员工，才会被公司视为支柱，才会获得全面的信任，并获得重要职位，拥有更广阔的工作舞台。这时候，自己的事业也就指日可待、胜券在握了。

　　无论是荣誉还是财富，生活总是会给每个人回报的，条件是你必须转变自己的思想和认识，努力培养自己勇于负责的工作精神。一个人只有具备了勇于负责的精神之后，才会产生改变一切的力量。

推卸责任是懦夫所为

勇于负责才能赢得尊严。一个人要想赢得别人的敬重，让自己活得有尊严，就应该勇敢地承担起负责。一个人即使没有良好的出身、优越的地位，只要他能够勤奋地工作，认真负责地处理日常工作中的事务，就会赢得别人的敬重和支持。反之，一个人即使高高在上，却不敢承担责任，丧失基本的职业道德，仍然会遭到他人的鄙视和唾弃。

泰勒是一家大型汽车制造公司的车间经理，手下管着一百多位安装技工。有一次，他带着几名员工安装一辆高级小轿车。安装完毕，恰逢总裁和他的几个好朋友到车间巡视，其中有一位发现了这辆小轿车安装上的失误，因为总裁在场，泰勒怕自己挨训，当时把责任推给了他的下属。总裁一看他的这种做法，勃然大怒，当着全车间的人把他训斥了一顿。

许多人就像泰勒一样，之所以一生一事无成，皆因为在自己的思想和认识中缺乏对勇于负责这种精神的理解和掌握。他们常常以自由享乐、消极散漫、不负责任、不受拘束的态度对待自己的工作和生活。结果，不可避免地沦为工作和生活的失败者。

改变态度，努力培养自己勇于负责的精神，将会产生无穷的力量，积极地为自己的梦想和事业努力奋斗。

胆怯和恐惧不是什么可爱的东西。不管是意志上的懦弱，还是身体上的软弱，最终都是兴趣的绊脚石。任何形式的恐惧都是卑鄙可憎的，唯有勇气是高贵而尊严的。

第三节 怎样培养自己的勇气

不要给自己贴"标签"

我们要清楚自己是如何给自己贴上各种各样的标签。例如，有人会说，"我是一个容易恐惧的人"，"我很脆弱"或"我内心不够强大"，等等。

通常，这些标签仅仅是来自过去或现在的某些表现，但一旦标签内化为自己的一部分，它们就开始接管和操控人自身。因此，必须明确的是，每一个人都不需要标签！需要宣称："我必须自己决定我想要成为什么样的人，一定要勇往直前！"

养成一种习惯

拥有勇气并不意味着全然消灭恐惧。认为勇气和恐惧不能并存，是一种广为流传的谬误。

事实上，恐惧不可能根除。或许只有一个人死去后，才能真正做到完全的无畏。即使那些非常有勇气的人，内心也会有恐惧，只是他们能激励自己勇往直前，去采取行动。

即使在很害怕的情况下，采取行动，也会使人变得更有勇气。原因在于，勇气和恐惧一样，都只是习惯而已。越是勤奋地练习使用勇气，

哲学与人生——感悟人生的指南

就越会拥有更多的勇气。面临威胁和挑战时，一旦采取行动成为习惯，就会向解决问题的方向迈进。

让你的身体做领路人

第一次面临某项未知的挑战时，采取行动对任何人来说恐怕都非常艰难。例如，作为老板，第一次给员工讲话；旅行度假，第一次到山上滑雪时，等等。在这些情形下，其实都不需要去犹豫，更有必要停止用"头脑"分析。因为卡在原地迟疑的时间越长，眼前的事情做起来就越困难—"头脑"已经开始喋喋不休地编造各种故事来恐吓啦！无论眼前的挑战来自于精神还是身体，都可以让身体作为领路人，要么直接采取针对性的行动，要么通过感受、调动和增强身体的能量来缓解精神的紧张，这些都可以更好地解决问题。这种时刻，过度沉浸在"头脑的故事"中是不利的。

记录勇气清单

在每个人的生命旅程中，勇气都会有一个不断增长的过程，无论是在生活，还是在工作中。每个人需要把自己曾经体验到的各种充满勇气的时刻记录下来，每当你超出自己想象并成功采取行动时，都需要记录下来。某些时刻，可能觉得理所当然，因为并没有认出那个时刻的自己所表现的正是勇气，尽管当时仅仅是做了必须去做的事情。当再次面对这份不断增加长度的勇气清单，就会发现所有成功做到的事情其实都遵循同样的模式。

例如，对某些特别渴望的事情着迷想要去做，诸如此类。面临这些关键时刻，你可能怕得要死，但最后还是去做了，而且做得很成功。这就是秘密所在：一旦看到这些事情和过程的共同点，就会认识到："只要我深受激励，即使是和以往不同的陌生情境，我也可以再次接受挑战并成功做到！"如此这般，就可以让勇气扩散开来，开始在个人生活的各个领域应用这份勇气。

让勇气扩散

如果想要过一种充满激情的生活，就必须学会让勇气扩散。这意味着：当"我不行"的时候，就要立刻告诉自己——"我必须"。

相信每个人都可以过一种激情勇敢的生活，将恐惧视为很好的咨询师，而不是成为恐惧的囚徒！

第四节　勇敢和温柔并不矛盾

勇气并不排斥温柔。勇敢者身上的温柔也并不比任何普通人少。查尔斯·纳皮尔很尊重他人，绝不拿他人开玩笑。他的兄弟，历史学家威廉先生也同样如此。

詹姆斯·奥特勒姆被查尔斯·纳皮尔称为"印度的贝亚德"，即集勇敢和柔和于一身的人。他敬重妇女、尊老爱幼、善待弱者，鄙视堕落、反抗邪恶。

富尔克格·富维尔评价西尼："他崇高的品格无与伦比，他是征服者、改革者、开拓者，他的每一次行动都那样伟大而勇敢，而且他的最高追求是为国家为人民鞠躬尽瘁。"

哲学与人生——感悟人生的指南

友善和勇气并存

爱德华王子取得了波伊克尔战争的胜利之后，居然设宴款待他的俘虏——法国国王和王子，还坚持从旁服侍。这一谦恭举动完全赢得了法国国王和王子的心，就像在战场上用勇敢俘获他们一样。事实上，年轻的爱德华王子已经是个真正的勇士了，他勇气非凡、风度翩翩，是那个时代骑士的典范。他高尚的品质还体现在他的座右铭上："崇高的精神和虔诚的服务。"

勇敢的品格使人宽厚慷慨。纳斯比战役中，费尔·法克斯将缴获的敌方军旗交由一名普通士兵保管，那个士兵居然吹嘘是自己得到的，费尔·法克斯听到后并不生气，反而说："让他吹吧，反正我的荣誉已经够多的了。"

道格拉斯在班洛伐本战役中，看到战友伦道夫寡不敌众时，立即予以援助。后来击退了敌军，他就对部下说："好了！我们来的太迟了，帮不上什么忙了。我们还是不要分享他们辛辛苦苦得来的胜利果实吧。"

许多事情的性质都由做事的方式而定。慷慨无私地做一件事，就会被人认为是友善的举动；满腹牢骚地做一件事，就会被人们看作小气。

本·约翰逊困厄不堪的时候，国王派人给他送去了微不足道的祝福和一笔赏金。率直的诗人毫不犹豫地说："他一定是看我住在穷巷里才送我东西。其实，真正住在穷巷里的是他的灵魂。"

依照大众的观点，勇气在品格的形成过程中扮演着重要的角色，它不仅是生活之源，而且是幸福之源。但仅有勇气是不够的。空有勇气而缺乏友善，会使一个人的生活空虚孤寂。友善则会辅助勇气，并增强勇气。因为友善会带来他人的肯定和赞誉，从而使人勇气倍增，并在社会生活中站稳脚跟，继续前行。

勇敢与温和是女子最高贵的品质

通常，勇气教育并没有被纳入女子教育之中。但要知道，勇气教育比音乐、法语，或是象征着君主权力的权杖更重要。

艺术家阿里·谢弗曾写信给女儿说："亲爱的女儿，一定要勇敢些、热情些、温和些，这些是女孩真正高贵的品质。每个人都会遇到麻烦，但无论幸福或是痛苦，都应该举止端庄，活出尊严，这才是看待命运的正确方法。就算命运对我们和我们所爱的人不利，我们也不能失去勇气。不懈的奋斗，这是生命的真谛。"

作为女子应当像男子一样以坚忍和勇气与不幸做斗争。但现实生活中，她们往往会受着细微恐惧和琐屑烦恼的折磨，久而久之，会使她们产生不健康的情感倾向，甚至毁灭她们的生命。

矫正这种不健康的情感倾向的最好方法是加强她们的道德修养和心理训练。女子品格的发展和男子品格的发展一样，都少不了精神的力量。它能使女子在紧急情况下镇定沉着地开展行动，并取得有效成果。女子用品格捍卫美德和信仰。虽然青春易逝，但品格永远焕发出迷人的光彩。

本·约翰逊的诗显示了一个女子高贵的形象："我心中的她彬彬有礼、温和谦逊；我心中的她宽厚友善、古道热肠；我心中的她机智勇敢、魅力无穷；我心中的她纺纱织布、量体裁衣，无所不会；更重要的是，她主宰着自己的命运，拥有自由自在的生活。"

大多数情况下，女子的勇气都藏而不露，不过在一些特殊情况下，她们身上一样显现出英雄的坚忍。

曾有个叫格特鲁德·冯德沃特的女子，她丈夫因被错判为暗杀艾伯特皇帝的帮凶而被处以车裂。临刑前，她一直陪伴着丈夫，两天两夜不曾离去，勇敢地对抗着皇帝的怒火和凛冽的寒风，因为她深知丈夫的清白。

并不是所有女子的勇气都是这种因爱而生的勇气，当责任感和使命感逼近时，她们也极富英雄气概。

当追杀詹姆士二世的反叛者闯入他在珀斯的住所时，这位国王只好让女眷守卫大门，以便给他充足的时间逃跑。此时，勇敢的凯瑟琳·道格拉斯用胳膊当门闩，阻止反叛者前进，她一直坚持到手臂被砍断。其他的女眷也英勇顽抗。

夏洛特·德特里·莫莉捍卫莱瑟家族的斗争，也是体现高贵女子的英雄勇气的典型例子。当议会军队劝她投降时，她说她答应过丈夫要保卫家庭，除非她丈夫下令，否则绝不屈服，而且坚信上帝的保佑和解救。在布置防御工事时，没有一件事因她的疏忽而被漏掉。她在忍耐中显示着一份刚毅。这位威廉·拿骚和科里奇海军元帅的光荣子嗣，就这样坚守了家园整整一年，其间还有三个月的猛烈轰炸，直到国王的军队击退了敌军，这场防御战才算结束。

至于富兰克林夫人的勇气，我们也早已铭记在心。就算其他人都认为寻找富兰克林的下落已是天方夜谭，她仍不放弃努力，于是最后，皇家地理学会决定授予她"发现者奖章"。当时，她的好友罗德里克默奇森说："富兰克林夫人优秀的品质一直感动着我，虽然她屡败屡战，但毫不气馁。经过 12 个漫长春秋的探险，终于发现两大事实，即她的丈夫穿越过无人横越过的海洋，并在一条西北通道中丧生。所以她得到这个奖章完全是她应得的荣誉。"

第 **6** 章

叔本华：时间对善用者亲切

一寸光阴一寸金，寸金难买寸光阴。明天的太阳，已经不是今天的太阳。人永远都跑不过时间，但是却可以缩短同时间的距离。只要比原来跑快一些，哪怕快几步，那么，这几步就可能会创造很多东西，就可以在人生长河中留下光辉的一瞬间。

第一节　时间是最公平的

利用好自己的时间

时间就是生命，它不可逆转，也无法取代。浪费时间就是浪费生命，而一旦把握好时间，就掌握了自己的生命，并能够将其价值发挥到极限。

这个世界上根本不存在"没时间"这回事。如果因为"太忙"而没时间完成自己的工作的话，那请一定记住：在这个世界上还有很多人，他们比自己更忙，结果却完成了更多的工作。这些人并没有拥有更多的时间。他们只是学会了更好地利用自己的时间而已！

有效地利用时间是一种人人都可以掌握的技巧—就像开汽车一样，巧妙地利用时间，是任何人都能掌握的技巧。用一套合理而实用的方式，利用好自己的时间，能帮助人们更好地掌握自己的时间，而非成为时间的奴隶，从而实现自己的人生目标。

总而言之，对于每个人来说，这个世界上没有任何东西比时间更加重要了。每个人的时间都是相同的，每个人每个星期都只有168个小时，谁都不可能获得更多的时间。但我可以帮助你更有效地利用这些时间。时间一去不返，不管高兴还是忧伤。一个人越懂得时间的价值，就越倍觉浪费时间的痛苦。

时间就是金钱

早在 200 多年前美国尚未独立时，美国启蒙运动的开创者、科学家、实业家和独立运动领导人之一的富兰克林就在他编纂的《致富之路》一书中，收入了两句当时在美国流传甚广、掷地有声的格言："时间就是生命"、"时间就是金钱"。

在富兰克林报社前的商店里，一位犹豫了将近半个钟头的人终于开口了："这书多少钱？"

"1 美元。"店员答道。

"1 美元？"这人又问，"能不能便宜点儿？"

"它的价格就是 1 美元。"店员坚定地说。

这位顾客又看了一会儿，然后问道："请问，富兰克林先生在吗？"

"在，"店员说，"他正在印刷室忙呢。"

"那好，我想我应该见见他。"这个人坚持要见富兰克林，于是，富兰克林就被叫出来了。

这个人问："富兰克林先生，请问这本书您能出的最低价格是多少？"

"1.25 美元。"富兰克林不假思索地说。

"1.25 美元？不是吧，先生。刚才您的店员还说是 1 美元 1 本呢！"

"这没错，"富兰克林说，"但是，我宁愿倒找您 1 美元也不愿意离开我的工作。"

这个顾客实在不甘心，他又磨蹭了一会儿，见没有效果，就说："那好吧，就 1.25 美元好了。"

可是这个时候，富兰克林却开口道："不，现在是 1.5 美元了。"

顾客简直不相信自己的耳朵："1.5 美元？你怎么又改了？"

富兰克林说："是的。截止到现在，我因此而耽误的工作时间的价值要远远大于 1.5 美元了。"

这人再也不说话了，他默默地把钱放到柜台上，拿起书出去了。

富兰克林先生给所有人都上了非常有意义的一课：对于有志者，时间就是金钱。

的确，时间是组成生命的材料，时间是创造财富的前提。"假如说，一个每天能挣十个先令的人，玩了半天或躺在沙发上消磨了半天，他以为他在娱乐上仅仅花了六个便士。不对！他还失掉了他本可以获得的五个先令……记住，金钱就其本性来说，绝不是不能增值的。钱能生钱，而且它的子孙还会有更多的子孙……如果谁毁掉了五先令的钱，那就是毁掉了它所能产生的一切，也就是说，毁掉了一座英镑之山。"这是为成功学大师们所普遍推崇的美国著名思想家本杰明·富兰克林的一段名言。它通俗而又直接地向人们阐释了这样一个道理：如果想要获得成功，就必须重视时间的价值。

一寸光阴一寸金，寸金难买寸光阴。明天的太阳，已经不是今天的太阳。人永远都跑不过时间，但是却可以缩短同时间的距离，只要比原来跑快一些，哪怕快几步，那么这几步就可能会创造很多东西，就可以在人生长河中留下光辉的一瞬间。

不追赶时间的人注定落后。生命是很短促的，若不能有效利用时间，则会使生命更加短促。由于不善于利用生命，所以很多人反过来抱怨说时间过得太快。可是就他们那种生活来说，时间倒是过得太慢了。

在非洲有一个名叫时间的富人。他拥有无数家禽、牲口和无边无际的土地。他的田地里什么都种，他家的大箱子里塞满了各种珍宝，他的谷仓里装满了粮食。

他实在是太富有了，连国外的人都听说了。于是，各国商人远道而来，随同的还有舞蹈家、歌手、演员等。各国纷纷派遣使者，只为看一看这位富人，然后回国后就可以对其他人说：这个富人是怎么生活的，他长得是什么样子。

富人经常把牛、羊、衣服、粮食等送给穷人，于是人们都说他比世界上任何一个人更慷慨，还宣称，"谁没见过富人时间谁就等于没有活过"。

很多年过去了，有一个部落也准备派使者去向富人问好。临行时部落的人对使者说："你们到富人时间的国家去，一定要设法见到他，回来后告诉我们，他是否真得像传说中那么慷慨富有。"

使者出发了，他们走了好多天才到达了富人的国家。走到城郊时，他们遇到了一个骨瘦如柴、衣衫褴褛的老头。

使者问："请问这个国家的富人时间住在哪里？"

老人忧郁地回答："他就住在城里，进去吧，那里的人们会告诉你们的。"

于是使者进了城，他们向这里的市民们问好，说："我们是专程来拜访富人时间的，他的声名也传到了我们那里。我们非常想见见他，然后回去后告诉我们的同胞。"

这时，一个老乞丐慢慢地走到使者面前。

这时有人说："他就是时间！你们要找的就是他。"

使者看了看瘦骨嶙峋的老乞丐，简直无法相信自己的眼睛。

"难道这就是传说中的名人吗？"他们想再次确认一下。

"是的，我就是时间，但我如今已经变成不幸的人了，"老乞丐说，"我的确曾经富有，但现在，世界上再也找不到比我还穷的人了。"

使者似有所悟地点点头说："是啊，生活总是如此，但我们回去该如何对我们的同胞说呢？"

老头想了想，说："你们回去就对他们说：'记住，时间已不是过去的那个样子！'"

是啊，时间永远都不会是过去的那个样子，它不会等待你。

《圣经》里提到的所罗门王，也有一个类似的故事。伟大的所罗门王曾经梦见一位先圣告诉他一句话，这句话涵盖了人类的所有智慧，可以让他高兴时不忘乎所以，忧伤时可以自拔，并且能够让他始终保持勤勤恳恳、兢兢业业。可是，他睡醒后却无论如何都想不起那句话的内容了，于是他把最有智慧的几位老臣召唤到身边，给他们说了自己的那个梦，要求他们务必把那句话想出来。同时，他还拿出一颗大钻戒，说："想出来以后就把它镌刻在戒面。我要把它天天戴在手上。"

一个星期过去了，几位老臣来送还钻戒，戒面上已经刻了一句简单的话："这也会过去。"

这就是时间，它永远都不会原地踏步。不去追赶时间的人，就会永远落后。正如罗曼·罗兰所说："梦想家才会使自己置身虚无缥缈之中，

哲学与人生——感悟人生的指南

而不去抓住眼前稍纵即逝的光阴。"

第二节　热爱生命的人，没有时间抱怨

珍惜时间就是珍惜生命

没有时间，生命就无法衡量，也无法计算；没有时间，一切历史都失去了意义，一切生命失去了风采。

伟大的发明家爱迪生一生勤奋好学，惜时如金。75岁高龄时，他还每天准时到实验室签到上班，几十年如一日。他每天坚持工作十几个小时，到了晚间还要在书房读三到五个小时的书，如果用平常人一生的活动时间来计算，他的生命已经成倍地延长了。所以，在他79岁生日那天，他骄傲地说："我已经是135岁的人了。"

而在美国近代企业界里，同人洽谈生意能用最少的时间产生最大效率的人，非金融大王摩根莫属。当然他也因珍惜时间而招致了不少怨恨。

摩根每天上午9点30分准时到达办公室，下午5点回家。除了与生意上有特别关系的人商谈外，他同人谈话绝不会超过5分钟。

通常情况下，摩根总是在一间很大的办公室里，同众多员工一起工作，而不是一个人呆待在房间里工作。这样，摩根便能够随时指挥他的员工，按照他的计划行事。倘若你有幸进入那间大办公室，就一定能够见到他，当然了，如果你没有重要的事，他绝对不会欢迎你。

摩根可以很容易就判断出一个人来接洽的到底是什么事。你对他开口说不了几句话，他就能判断出你的真实意图了。

卓越的判断力为摩根节省了许多宝贵的时间。有些人根本就没有重要事情，他们只是想找个人来聊天，因而让工作繁忙的人浪费了许多宝贵的时间。摩根十分痛恨这类人。

事实证明，几乎每一个成功者都是非常珍惜时间的人。正是由于他能够发现时间的价值、懂得时间的宝贵，才能取得更大的成就。

珍惜时间的人都是明智而节俭的，在他们看来，点滴的时间都是浪费不起的珍贵财富，人的精力和体力都是上苍赐予的珍贵礼物。如此宝贵的财富和神圣的礼物，怎么可以胡乱地浪费掉呢？

所以，每个人都应当珍惜生命中的每一天。因为时光一去不复返，不要等生命逝去感到恐惧时再去后悔，没有哪个人能够得到时间的赦免！

每个人的生命都由时间组成，片刻的浪费便是虚掷了一部分的生命。现在的这一分钟是经过了过去数亿分钟才出现的，世上再没有时间比这一分钟和现在更好。

把握今天

一位哲学家途经荒漠，看到了很久以前的一座城池的废墟。

岁月已经把这个城池雕刻得满目沧桑，不过，仔细看去，还是可以辨析出昔日辉煌时的风采。哲学家累了，他便想在此休息一下，于是就随手搬过一个石雕坐下来。

他点燃了一支烟，望着这座被历史淘汰下来的城垣，想象着这里曾经发生过的故事，不由得叹息了一声。

忽然，有个声音响起："先生，你为什么要叹息呢？"

哲学家四下里望了望，却没有发现人，他疑惑起来。这个时候，那个声音再次响起来，原来声音来自那个石雕，那是一尊"双面神"神像。

哲学家没有见过双面神，所以就好奇地问："你怎么会有两副面孔呢？"

双面神说："有了这两副面孔，我才能一面察看过去，牢牢吸取曾经的教训，并总结经验。而另一面又可以去展望未来，憧憬无限美好的明天。"

哲学家说："过去的只能是现在的逝去，无论如何都留不住，而未来又是现在的延续，无论如何现在都无法得到。如果你不把现在放在眼里，就算你对过去了如指掌，对未来洞察先知，那又有什么具体意义呢？"

双面神听了哲学家的话，不由得痛哭起来，他说："听了您的话，我才终于明白，我今天落得如此下场的根源。"

哲学家问："是吗？为什么？"

双面神说："很久很久以前，我驻守着这座城。那时候，我自诩可以一面察看过去，一面瞻望未来，却唯独没有去好好把握住现在，结果我的这座城池便被敌人攻陷了，一瞬间，美丽的辉煌就都成了过眼云烟，我也落得一个被人们唾弃于废墟的下场。"

爱默生说："你若是爱千古，你应该爱现在；昨日不能唤回来，明日还是不实在；你能够有把握的，只有今日的现在。"现在是将来的过去，也是过去的将来。倘若人们无法牢牢地把握住现在，就没有过去和未来可言。

第三节 想规划人生，就要先规划时间

规划的本质是将未来带到现在，这样你就可以通过现在的行为对未来产生控制。每个人都会做规划：明天晚上去看什么电影，下个周末去拜访哪些朋友，明年夏天去哪里度假……

计划有大有小，有的计划比较符合实际，而有的计划则不大现实；有的计划是长期，有的计划则属于短期，有的计划并不重要，而有些计划则影响深远……

大多数人都不大喜欢进行规划。他们大多是在万不得已的时候才去进行规划：或许是感觉自己的工作太多了，所以才会想到要去进行相应的规划；或许是因为有一段比较长的假期，想好好利用这段时间。这种偶然的、为满足某个特殊目的而进行的规划是很有价值的，但也有一定的局限性。毕竟，如果只是在被迫的情况下才去进行规划，很可能并没有使规划发挥出真正价值。

很多人都是因为没有进行规划而最终走向了失败。

下面介绍一种规划方式，从来没有任何一个人因为这种规划方式而受到伤害。这种规划方式就是：向专业人士学习。

　　设想一下专业摄影师和那些业余摄影爱好者之间的区别。那些偶尔用照相机记录一次生日聚会、一处风景，或者是一次全家郊游的人会怎么做？他们只是随便拍几张来记录最珍贵的时刻，然后焦急地等着结果出来，而且在很多情况下，他们都会对结果感到失望。在他们拍摄的几十张照片当中，有些会模糊不清，有的照了某个人的半个脑袋，还有的拍到了别人皱眉的画面。看到这些照片之后，就会毫不在乎地说，自己并不是一名好摄影师。

　　而专业摄影师处理问题的方式显然跟他们不同。专业的摄影师首先会用掉几卷胶片去进行拍摄。当这些胶片被冲洗出来的时候，他会对这些胶片进行仔细研究，发现有很多镜头都不理想，可由于他拍了很多张，所以他最终总能找出一些让自己满意的照片。

　　接着专业摄影师就会走进暗房，考虑如何改进那些效果不错的照片。他会用很多方法进行试验，比如说剪辑、曝光等，并最终挑选出几十张令自己特别满意的照片。接着他会对这些照片进行进一步检查，并从中挑选出一张能够让自己获奖的摄影作品。

　　那些偶尔进行时间规划的人和认真规划时间的人之间的区别也是如此。只是偶尔进行时间规划的人往往缺乏一个清晰的目标，甚至根本不知道自己要做什么。他们通常对结果不满意，认为它们根本不值得自己付出那样的努力。于是他们开始相信自己并不善于进行规划，并最终放弃做出进一步努力。

　　而那些认真规划时间的人会反复斟酌自己的计划。刚开始的时候，他们的目标可能也并不清晰，慢慢地，经过不断的挑选，他们会逐渐把那些并不可取的目标清除出去，并开始形成一个比较集中的目标。然后他们会对计划中的重要部分不断进行修改，最终使它们的内涵更加丰富。

他会按时检查自己的计划执行情况。在这个过程中，他会主动找出其中的问题、错误的假设以及遇到的困难等，并随时在必要的地方进行修整。就像那些专业的摄影师一样，他们会进行不断调整，越做越好。

优秀的时间规划者

有一名银行家，他能够很好地控制自己的工作时间，于是就有更多的时间跟家人一起乘游艇出海。通过仔细规划自己的时间，他开始越来越善于接手新的项目，并开始把自己的日常工作很好地与长期目标结合起来。他是一名优秀的时间规划者，而他之所以能够做到这一点，就是因为他在规划的过程中投入了大量时间和精力。

规划和选择往往是非常困难的，必须仔细考虑，并且做出相应的决定。它们还会强迫你意识到自己在排定工作次序时所应遵守的标准。

规划时间的标准

一位著名电影制片人的妻子总觉得自己在浪费时间。和专家讨论之后，才发现她设定工作次序的标准是家庭，而当她思考自己的生活时，却发现自己根本没有时间来做那些自己真正想做的事情。最后她意识到，只有关心自己的真正需要，才更容易应付家人的需要。

哲学与人生——感悟人生的指南

所遵守的标准不同，每个人的工作次序安排自然也会不同，而工作次序的变化往往会引起利益上的冲突—这点是在所难免的，但如果能够意识到这一点的话，就可以更好地应对这类冲突。

有一位教师，她每天晚上刻苦攻读，希望能够获得一个更高的学位。一方面她非常关心自己的学生，而另一方面她又希望能够有更好的职业发展前景。每天晚上从学校回来之后，她是应该把时间用来批改学生作文，还是研究自己的专业书籍呢？如果她以学生的需要为自己的工作标准，就应该批改作文，可如果她以自己的晋升为标准，则应该把这段时间用在自己的论文上。显然，在做出选择之前，她必须首先排定自己的工作次序；而无论选择怎样的标准，适当的规划都可以帮助她更好地处理个人发展和学生发展之间的冲突。

对于许多人来说，规划似乎是一件非常困难的事情，因为他们把规划仅仅看成是一个"思考"的过程—这常常被等同于"做白日梦"或者是"毫无结果的乱想"。对于这种人而言，他们需要把规划变成一项更加具体的活动。无数成功人士的例子告诉我们，把规划的结果"写"下来要比一味地"想"效果好得多。

在所有的规划当中，无论是长期、中期、还是短期，都必须：

（1）列出一张清单；

（2）确定优先次序。

当然，清单上的条目并不是平等的。一旦列出了一张清单，就必须根据自己的实际情况来确定工作的优先次序。在没有确定次序之前，这份清单是不完整的。所以无论清单都包括哪些内容，都一定要随即定好工作的先后次序。

第四节　有效管理，让时间增值

正像许多人可以改变自己的饮食习惯一样，每个人也可以成功地改变自己的时间管理方式。如果感觉到自己在工作上投入了太多时间，却没有足够的时间来跟家人和朋友相处的话，那么现在就养成按时下班的习惯，即便其他人仍在加班。而且还要计划安排更多的周末时间和家人在一起。

觉得自己在高尔夫上花了太多时间，结果却没有足够的时间参加政治活动吗？没关系，可以从现在开始减少打高尔夫的时间；觉得自己在家务上花了太多时间，结果却没有足够的时间去做那些更有创造性的事情吗？那先让家具上的灰尘在那里停留一两天吧。

记录自己的一举一动，这是规划好自己的时间的一种方法，因为通过详细地规划自己的时间，可以为自己找到更多的空闲。实际上，人总是可以找到时间来做那些对自己重要的事情，即便是这个世界上最忙的人都能为自己挤出时间。忙碌的人比平常人有更多的时间，是因为他们总是能够通过认真地规划来为自己"制造"出更多时间。

坚持培养规划的习惯。每天在同样的时间里做同样的事情可以使人更加有效率—不用花时间来做决定。习惯的力量是巨大的，实践证明，人们在做那些习惯性的事情，比如说打电话、订餐、读报纸、上课或者是参加会议的时候，他们的效率总是很高。

两种类型的黄金时间

要想做好时间规划，你还需要了解一下什么是黄金时间。每个人都有两种黄金时间。一种是内部黄金时间，在这段时间里，我们的精神状态达到最高点，工作起来自然也就最有效率，不同人的内部黄金时间是不一样的，有的人上午精神状态最好，而有的人则会在下午或者是晚上达到最佳精神状态。而外部黄金时间则是指跟其他人，比如说你的同事、朋友或者是家人打交道的最佳时间。

内部黄金时间是一个人精神最为集中的时候。有些人在早晨 7 点钟以后就再也无法集中精神，而有的人则在晚上 10 点到午夜这段时间里最有创造性。为了验证属于自己的内部黄金时间，最好在两个星期里自己观察一下，看看你在这两个小时里精神是否最为集中。

在确定自己的内部黄金时间之后，就要把这段时间用来处理自己最为重要的工作。

对于大多数人来说，刚刚来到办公室的最初几个小时无疑是最佳内部黄金时间。可另一方面，很多人却把这段时间用来处理一些毫不重要的工作，比如说读报纸、回电话，处理昨天没完成的工作，或者干脆跟同事或下属闲聊……为什么不把这些活动留到下午精神状态不好的时候呢？

一位家庭主妇表示，她的内部黄金时间是在丈夫和孩子刚刚离开的那段时间里，每次一到这个时候，她总是感到特别兴奋，好像浑身有使不完的劲。于是她就开始在屋子里忙个不停，整理床、洗盘子、洗衣服、整理玩具……她会这样一直忙到上午11点。然后在从11点到下午2点半的这段时间里，她的整个精神状态陷入低潮，几乎什么都不想做，这种状态会一直持续到下午2点半，而这时她又不得不去学校接孩子们了。在她看来，如果自己能够尽快完成所有的家务，她就可以抽出更多的时间来做蜡烛，她不仅喜欢这项活动，而且还可以为自己的家庭带来更多的收入。可问题是，每次完成家务之后，她总是会觉得自己陷入了一种极度疲劳状态，什么都不想再做了。而且到了11点她已经把房间打扫得干干净净，因此也不愿意再拿出制作蜡烛的工具，把房间里又弄得乱七八糟了。结果是：她总是发现自己没有足够的时间来做自己想做的事情。于是专家建议她把做蜡烛和做家务的时间颠倒一下，这样她就可以把自己的内部黄金时间用来制作蜡烛了。

外部黄金时间，就是指外部资源（通常是人）最为齐备、最能帮助自己做出决定、回答自己的问题或者为自己提供信息的时间。比如，可以在老板即将离开办公室的时候抓紧时间去向他请示，那时就是你的外部黄金时间。一般来讲，推销人员的外部黄金时间是在早上9点到下午5点之间，因为在这段时间里，他们的客户大都在办公室，所以他们会比较容易直接联系到客户。所以大多数有经验的推销员都会选择把一些程序性的工作安排在这段时间之外。

在处理问题的时候，一定要事先确保自己能够见到那些你必须见到的人，这点是非常重要的。

一些机关的执行人员希望能够很方便地找到那些自己需要联络的

哲学与人生——感悟人生的指南

人。所以他们也必须事先了解自己的同事会在什么时候有时间提供帮助并学会利用好这段时间。

大多数人都不太擅长站在别人的角度考虑问题，所以他们也很难考虑到别人的日程安排。但事实上，这样做有很多好处。有这样的一位业务员，他经常趁午饭时间去老板的办公室里请示工作，因为他知道老板在午饭时间很少会出去。他们可以在办公室里一边吃三明治，一边谈工作，而且由于这段时间很少会有其他人来找自己的上司，所以他们的谈话也很少会被打断。

找上司谈话的另外一个黄金时间通常是对方刚刚来到办公室的时候，因为他们这时很可能还在摘帽子、脱外套，还没有沉浸到自己的工作当中。

不要把日程排得太满

每个人都会遇到一些意外的情况，所以在安排日程的时候，一定要给自己留出足够的弹性。如果事先把所有的时间段都安排得满满的，那就很可能无法完成预期的任务，结果在下班回家的时候就会感觉很沮丧、焦虑，甚至是紧张。

意外发生的事情也会占用一个人的时间。想想看，要接电话、查邮件、接待客人……这些日常活动都会占用很多时间。虽然每个人不可能预料到自己每天都会遇到什么事情，但在大多数情况下，都会遇到一些意外的事情来打断原定计划。所以必须留下一些空闲时间来处理那些不期而遇的问题，或者是去把握任何新出现的机遇。

因此，每天人们都至少要为自己安排一个小时的空闲时间。比如，今天要接待一位客人，那么在接待完客人之后给自己留出一段空白时间，或者为自己安排出足够的时间检查邮件及完成一些书面工作。尽量把那些必须完成的工作提前完成，这样在被打断的时候，就不会过于焦虑或者烦躁了。

如果在设定日程安排的时候过于僵硬，就会感觉自己好像在被时间牵着鼻子走，觉得自己的整个生活都在被时钟控制，变得疲惫毫无乐趣。相比之下，如果能够在安排日程的时候为自己留出一些自由时间，反而就会感觉自己对生活有了更多的控制，每天的工作和生活也就会感觉更加顺畅。

第五节　珍惜时间，只争朝夕

人生没有如果

人生只有三天：昨天、今天和明天。昨天已成过去不能回头，明天虚无缥缈，只有今天才属于自己。看人生成败，不在昨天，也不在明天，而在于是否把握住了今天，珍惜了今天才会有美好的明天。

生活中人们时常感叹："如果让我回到从前，我会……""如果再给我一次机会，我就……"诸如此类的话，每一个人都再熟悉不过了。因为，每一个人都曾有过这样的"如果"，作过同样的假设。大千世界里，也许可以用钱买到一切，唯独买不到后悔药。有些事、有些人一旦错过就不再回来。因此，人应当珍惜我们自己做的每一件事，珍惜与自己有缘的每一个人，好让人生少一些"如果"。

人生不能重来，作为人，谁也无法预知自己生命的长短，但我们可

哲学与人生——感悟人生的指南

以努力充实人生的内涵，感受生命的品质，拓展生命的宽度。庸庸碌碌没有追求的人生，即使再长也只是一部吃喝拉撒的流水账，乏善可陈，味同嚼蜡。而拼搏进取充实丰满的人生，即使很短，也是一首清新隽永的小诗，寓意深刻，回味无穷。所以每个人要倍加珍惜现在。珍惜现在的生活，珍惜现在的亲情、友情，珍惜现在的学业、事业，不要悔恨过去，不要浪费时光，不要抱怨命运，因为在悔恨和抱怨中过去的每一分每一秒，都是一去不复返的人生！

珍惜时间，努力实现自我

真正成功的人生，不在于成就的大小，而在于是否努力地去实现自我，喊出自己的声音，走出属于自己的道路。只要努力过、付出过，无论结果如何，都将无愧于自己的人生！

在周星驰的电影《大话西游》中有一句人人皆知的经典台词："曾经有一份真挚的爱情摆在我的面前，我没有珍惜，直到失去的时候才追悔莫及，人世间最痛苦的事莫过于此。如果上天能给我再来一次的机会，我会对那个女孩说三个字：我爱你！如果非要在这份爱上加一个期限，我希望是一万年！"而如今在《西游·降魔篇》的海报中最耐人寻味的一句经典也是来自周星驰："一万年太久，只争朝夕。"对此，周星驰在记者招待会中笑着解释说："以前我还年轻不懂事，乱说什么爱情啊一万年的。现在才明白，一万年太久了，要给一个期限的话，就是今天了！"当这句话从一头白发的周星驰口中说出，相信所有热爱他的人们心中都会不禁唏嘘。

是的，当年的《大话西游》，是现在看过去，有笑有泪，但终究相忘于江湖。而这部《西游·降魔篇》，则是停下来俯视现在的路，笑中有泪，却在江湖相见，无处可躲。因为创作者今何在和周星驰都深深知道，爱是绵绵无绝期的，而一段感情，即便能看得到开端，却也不能很清楚地说出结果的时刻，身在红尘中的人们，唯有一路且行且珍惜。

天地重开，春风送暖。晏殊的《浣溪沙》："一向年光有限身，等闲离别易消魂，酒筵歌席莫辞频。满目山河空念远，落花风雨更伤春，不如怜取眼前人。"但求珍惜吧，但求更多人懂得珍惜属于自己的时间，用坚持取代放手，用一颗温润的心，深情地演绎一场或简简单单或轰轰烈烈的人生。凡尘俗梦，这世上没有月光宝盒，更没有一万年的等待。一万年太长，只争朝夕。

哲学与人生——感悟人生的指南

第7章

伏尔泰：人类最宝贵的财产——自由

没有谁愿意做笼中的鸟。追求自由是这个世界永恒的话题。而思想上的自由，就是一个人最崇高的独立。正因如此，思考了一辈子哲学问题的维特根斯坦临终时说了这样一句话："告诉世人，我这一生活得很幸福很独立，因为我的思想是自由的。"

第一节　自由不等于放肆

人生不是绝对自由的，有环境束缚着，道德规范约束着。与其去追求绝对的自由，还不如从心灵深处去认识这些束缚的必要性。唯有这样，人才能找到相对的自由，实现灵魂的升华。

克制欲望

自制，就要克制欲望。自制不仅仅是在物质上克制欲望，更重要的是精神上的自制。

有这样一个很著名的实验：

一群儿童分别走进一间空荡荡的大厅，在大厅里最显眼的位置，为每个孩子放了一块软糖。测试者对每一个将要走进去的孩子说："如果你能坚持到老师来叫你出去的时候还没把这块糖吃掉，就会再给你一块软糖。就是说，你能够得到两块软糖。如果你等不到老师来叫就把糖吃掉了，那么你只能得到这一块。"

实验开始，孩子们按照顺序走进大厅。结果发现：有些孩子没有控制能力，因为大人不在，他又受不了糖的诱惑，把糖吃掉了。还有一些孩子，知道了刚才提出的要求后，认为只要自己能坚持一会儿，就能得到两块糖，于是尽量控制自己，并且转移注意力，唱歌、蹦蹦跳跳，就是不看那块糖，一直等到老师来，这样就得到了奖励，有了第二块软糖。

专家们把孩子分为两组：能够坚持下来得到两块软糖的和不能坚持下来只得到一块软糖的，并对他们进行了长期的跟踪调查。结果发现，那些只得到一块糖的孩子普遍不如得到两块糖的孩子成功。也就是说，凡是小时候缺乏自制力的孩子，长大后做事就不太容易成功。

在人生的旅途中，为了实现目标，或许必须做一些自己不想干的事，放弃一些自己深深迷恋的事，这样就感到了一定的"约束"。但是，为了生活，为了目标，就不能摆脱一切"约束"，而是应该在"约束"的引导下，一步步自由地沿着既定的目标稳妥地前进。

分粥法则

有一个很古老的故事：

有七个人在一起共同生活，每个人都是平凡而平等的，没有什么凶险祸害之心，但难免会有自利的心理。他们每天要分食一锅粥，但并没有称量用具和有刻度的容器。

大家发挥了聪明才智，试验了各种不同的方案，主要方案如下：

方案一：拟定一个人负责分粥事宜。很快大家就发现，这个人为自己分的粥最多，于是又换了一个人，但总是主持分粥的人碗里的粥最多最好。

方案二：大家轮流主持分粥，每人一天。这样等于承认了每个人有为自己多分粥的权利，同时给予了每个人为自己多分的机会。虽然看起来平等了，但是每个人在一周中只有一天吃得饱而且有剩余，其余六天都饥饿难挨。

方案三：大家选举一个信得过的人主持分粥。开始这品德尚属上乘的人还能基本公平，但不久他就开始为自己和溜须拍马的人多分。

方案四：选举一个分粥委员会和一个监督委员会，形成监督和制约。公平基本上做到了，可是由于监督委员会常提出多种议案，分粥委员会又据理力争，等争执完毕时，粥早就凉了。

方案五：每个人轮流值日分粥，但是分粥的那个人要最后一个领粥。令人惊讶的是，在这个制度下，7只碗里的粥每次都是一样多，就像用科学仪器量过一样。每个主持分粥的人都认识到，如果七只碗里的粥不相同，他确定无疑只能拿到那份量最少的。

同样的粥、同样的人，因为不同的分粥制度，也会产生截然不同的结果。

这个"分粥规则"高度体现了制度的作用：公平公正，互相制衡。所谓制度，就是约束人们行为的各种规矩。"没有规矩，不成方圆"，制度在维护秩序方面起着重要作用。

据说，在古罗马军队中，士兵每天定量得到一块面包充当全天的口粮，而这块面包是从更大块的面包上切割下来的。最初的时候，切割面包与分配面包的任务是由类似班长这样的长官一人承担，而长官往往切割下最大的一块留给自己，然后按关系亲疏决定切割下面包的大小进行分配。由于分配不公平造成军队内部矛盾甚至内讧的事不少。因为在古罗马军队中，"除了女人和赌博之外，没有比食物更合适的东西可以使无所事事的军队产生激烈的争斗了"。

为了防止因争夺食物产生的争斗，罗马人很快找到了一个极好的制度：当两个士兵拿到了一块面包后，一个士兵来分割，而另一个士兵首先出来选择属于他的一半。可以设想，在这种规则下，分割面包的士兵出于自利，只能最大限度地追求平均分配。

制度在于保护群体的共同利益，只有如此，才能有效地贯彻下去。自由不等于放肆，良好的制度是集体利益的保证，也是实现个人自由的重要动力。

第二节 思想的自由就是最崇高的独立

启蒙思想的导师——伏尔泰

没有谁愿意做笼中的鸟。追求自由是这个世界永恒的话题。而思想上的自由，才是一个人最崇高的独立。

很多哲学家曾经为自由而做出自己的论断，伏尔泰就是其中的一位。

在伏尔泰的社会理想中，"自由"是他反复提到的一个概念。而且他把自由的原则作为自己终生为之奋斗的理想，还把争取个人自由放在了启蒙运动的第一位。伏尔泰曾经说过："人性的最大天赋就叫作自由。"而伏尔泰眼中的自由就是去实现那些思想所绝对要求去做的权利。自由是人性的天赋，是不该受到任何侵犯的。

伏尔泰在他的《哲学通信》中这样写道："建立一个合理的法律国家需要人的理性，以此来保障人身及财产的全部自由、向国家提意见的自由以及信仰的自由。"除此之外，任何一个英国公民还应享有"只能在一个由自由人所组成的陪审团面前才可受刑事审问的自由，以及不管是什么案件，只能按照法律条文的明确规定来裁判的自由"。

伏尔泰为"取消特权而坚持自由平等"的思想被人们广为传播，因为他唤醒了人们的理性。他的这种思想也为声势浩大的法国资产阶级大革命做了思想上的准备和理论上的铺垫。伏尔泰生前并没有经历这次彻底的大革命，然而他却已经预言到了。他称："我所看见的一切，时时都在传播着革命的种子，法国大革命的爆发是一种必然的趋势，是无法避免的。可惜的是，我没有办法看到它了。光明已经散布在远近各处，只要时机一到，革命即刻就会爆发。那些年轻人将会经历诸多的大事，这也是他们的福气。"

虽然伏尔泰没有看到发生在他身后的大革命，然而，他却被公认为是思想启蒙运动的"领袖和导师"以及"18世纪欧洲的思想泰斗"。在运送他的遗骸时，人们在他的灵车上写着："他是伟大的诗人、哲学家和历史学家，是他使人类的理性迅速发展，是他培养我们热爱自由。"伏尔泰的心脏被装在一只精致的小盒子里面，并且保存在国家图书馆，上面清清楚楚地写着伏尔泰生

哲学与人生——感悟人生的指南

前的一句话："这里是我的心脏，但到处都是我的精神。"

不错，事实正像他所说的一样，他的自由、平等的思想对反对封建专制和教权主义产生了极为深远的影响，为美国的独立战争和法国大革命提供了有力的思想武器。

在法国大革命时期，《人权宣言》这样讲："在权利面前，人生来就是平等的，而且自始至终都是自由平等的。除了依据公共利益出现的个别社会差别外，其他的社会差别都不能成立。"人们的自由就在于不做任何危害他人的事情，个人在行使天赋的权利时必须保证他人自由行使同样的权利。此外，它还规定："自由传达思想和意见也是人类最宝贵的权利之一。因此，每个公民都享有言论、著述以及出版的自由。"这些规定无疑是受到了伏尔泰思想的深刻影响。

在伏尔泰的那个时代，人们就对自由充满了渴望，更何况现在的人们。

不要被自由所累

虽然自由是人性最大的天赋，但是绝对的自由还是不存在的。人们在追求自由的同时也不要逾越法规，人要为自由而活，但不要被自由所累。

有一天，庄子正在涡水边钓鱼。楚王派来两位德高望重的大夫来请庄子出仕。大夫们对庄子说："吾王久闻先生大名，欲以国事相累。深望先生欣然出山，上以为君王分忧，下以为黎民谋福。"

庄子没有回头，拿着钓鱼竿淡淡地说道："我听说楚国有一只神龟，被杀死时已经3000多岁了。楚王用竹箱把它收藏起来，还用锦缎覆盖在表面把它供奉在庙堂之上。请问是不是确有此事？"

两位大夫连连称是。

此时，庄子又说："请问二位，此龟是宁愿死后留骨而显贵呢，还是宁愿生时在水中自由潜行呢？"

两位大夫道："作为乌龟当然是愿意活着在泥水中摇尾而行了。"

于是，庄子说："既然这样，那就请二位大夫回去吧！我也愿意像这只乌龟一样在水中摇尾而行。"

人，最宝贵的就是自由，如果失去自由，那么人也就会失去生命的意义。然而，人们在权力、财富面前，宁愿为此舍弃自己的自由。在这则故事中的乌龟不知权力、财富为何物，而知道自己是为自由而生存，它懂得自由的重要。

但丁说："上帝在创造人的时候，最丰厚的赠品、最伟大的杰作、最为他所珍贵的，就是意志自由，只有智慧的造物享有这个。"

"人只不过是一根芦苇，是自然界中最脆弱的东西，但他却是一棵能思考的芦苇。用不着整个宇宙都拿起武器来反对他，一口气、一滴水就足以致他于死命。然而，纵使宇宙毁灭了他，人仍然要比致他于死命的东西高贵得多，因为他知道自己要灭亡，以及宇宙对他所具有的优势，而宇宙对此却是一无所知。因而，我们全部的尊严就在于思想上的自由。"这是法国哲学家帕斯卡尔在《思想录》中所写下的一段经典的话。这一比喻深邃，却也有些许悲凉—人的思想是如此的高贵，但却拖着一个极其无能、虚弱疲软的身体！的确，人在很多地方无法同动物相比。人不能像大雁一样在天空飞翔，不能像骏马一样在平原上奔驰，更不能像鱼一样在水中遨游。因此，在大自然的万千造化中，人是很卑微的一个。可是，动物只能靠本能活着，它们从出生开始，命运在冥冥中就早已注定。它们不会思考，不会抗争，不会选择，随波逐流，只有任人宰割的份儿。而人不一样，人靠头脑的思考向自己的肉身提出了挑战，靠灵魂向自己的命运发出了抗争，因此获得了崇高和伟大，成为万物之灵。

帕斯卡尔说："一个人如果没有带着思想去生活，那么，他仅仅是在活着，而不是在生活，更不可能拥有富有意义的人生。"人类正是由于"思"而获得了尊严，虽然这种思考没有现成的答案，但这种追逐却体现了人类的伟大和执着。人类的意义，世界的意义，也许就在这种不断追逐的过程中。

当然，带着思想去生活是十分痛苦的。但是，思想的痛苦源于人生的沉重。伴随着生命的提升，痛苦的思考就会升华为一种更为长久、更为充实的快乐。陶渊明说："好读书，不求甚解，每有会意，便欣然忘食。"这里，"欣然"二字已经将经由痛苦思考而转化来的快乐刻画得淋漓尽致。

法国存在主义哲学家萨特认为，人的存在先于人的本质。大意是，人生下来的时候，并没有什么本质，其本质是在生存的过程中渐渐呈现出来的—先存在，后本质。那么，所谓本性，是在生活过程中逐渐形成的，这个形成过程的关键是个人自由的选择。在每一次选择中，每个人的本质就出现了。

第三节　没有自制，就没有自由

毕达哥拉斯说："不能制约自己的人，不能称之为自由的人。"

自由选择，承担后果

　　在第二次世界大战中，德国占领了法国。有个法国青年前来请教萨特，因为他不知道该怎样选择自己的人生。这个年轻人面临着两个选择：是选择参加抵抗运动，离开自己年迈的、需要照顾的母亲，还是选择留在母亲的身边，而任凭德国人在法国肆虐？二者只能选择其一，一经选择，这个青年就会走上截然不同的道路，因此希望萨特能给他指点迷津。

　　听完青年人的陈述，萨特给他分析了两种选择的结果：如果选择抵抗运动，他就成为面对侵略奋起反抗的英雄，但失去了做一个孝子的可能；相反，如果留在母亲身边，他就能够服侍母亲，全尽孝道，但却成为没有血性的懦夫。最后，萨特说，这两种选择没有什么高下之分，完全是不同的选择而已，不同的选择就是不同的人生，他就成为不同的人—英雄或懦夫，孝子或不孝。最后，萨特说："你是自由的，所以你自由选择吧。"

　　萨特的自由选择强调人在选择面前的自由，坚持不屈服于传统、权

哲学与人生——感悟人生的指南

威和说教，无疑具有巨大的解放作用。但是，每一种人生选择都是选择，都有其理由。

这样看来似乎杀人越货与舍生取义在实质上都是一样的，没有好坏之分，因此，想干什么就干什么吧！显然，这种自由选择在现实生活中是绝对行不通的。

事实上，个人问题也是社会问题，不能把所有的责任归结到个人的身上。从某种意义上说，萨特的自由选择是对西方资本主义社会问题的逃避。

生活在一定社会环境中的个人，在他的人生道路上，活动方式、行为准则、价值取向和自由的范围等各个方面都是有一定的条件限制。现实中的人的选择是在一定社会范围内、一定社会关系内的选择。选择是有限的，受各种因素的制约。在约束的背后，才是自由。

歌德说："如果你敢于宣称自己是受限制的，你就会感到自己是自由的。"

"大鱼吃小鱼，小鱼吃虾米"，这就是生物链，而生物链就是自然界中自由与约束的关系。没有一种生物是没有天敌的，它们在和同类生活的同时，也必然要提防天敌的袭击。这是生物的自然平衡，也是生物界自由与约束的实现方式。

人和动物最根本的区别在于，人有一种特殊的能力，那就是：人懂得自我约束。

任何事物都需要有一定的约束。俗话说："没有规矩，无以成方圆。"确实，世间的万事万物都要受到一定的约束，没有任何事物是绝对自由的。

自由和约束是对立统一的

有这样一则寓言：

车轮对方向盘说：“你总是限制我的自由。”

方向盘说：“我若不限制你的自由，你就会跌到深渊中去。”

汽车不能离开方向盘的限制，人也离不开社会的约束。只有约束的自由是常态，世上并没有无约束的自由，而只有不同约束条件下的自由。自由和约束是相对的，自由和约束总是在变化当中的，约束少一些，自由就会多一点；约束多一点，那么自由就会少一些。

生活中，很多人都崇尚自由，反对约束，但世界上存在绝对的自由吗？

约束和自由并非绝对的，而是相对的。有了约束才会有自由，因为自由存在的前提是束缚，没有道德法律上的约束和规定，或是各种人为的规则和要求，自由就无从谈起：另一方面，没有自由，约束也就失去了它本身具有的意义和作用。

因此，自由和约束看似矛盾，却又和谐统一。实际上，人类是经过了无数次“包装”的，约束就是那一层又一层的“包装纸”，没经过“包装”的人做起事来为所欲为、无法无天，这种人终将无法立足于社会。如果不想被社会淘汰，那么，我们必须约束自己。

方向盘对车轮的限制、束缚，是为了不让它走错路，以至于跌入深渊。人们对花草树木的约束，是为了塑造它们美的气质，让它们供人观赏。因此，约束是必要的，而且对人、对事的成就具有促进作用。放任自由只会导致泛滥成灾，只有约束才能成就秩序，成就和谐，成就美满的人生。

第四节　挣脱命运的枷锁，拥抱自由

雄鹰舍弃了在笼中圈养，于是拥有了翱翔蓝天的自由；骏马舍弃了舒适的棚厩，于是拥有了驰骋原野的自由；航船舍弃了温馨的港湾，于是拥有了遨游江海的自由；江河舍弃了湖泊的挽留，于是拥有了一泻千里的自由；青松舍弃了荆棘的攀附，于是拥有了屹立山巅、搏击风雨的自由；蒲公英舍弃了肥沃的土壤，于是拥有了在空中飞舞、播撒种子的自由……舍弃才能拥有，只有善于舍弃，才能挣脱命运的枷锁，拥抱自由。

为了拥抱自由而做出的舍弃是最大的明智。庄子舍弃了"为境内累矣"，是何等的明智。正是因为舍弃了"权势"之累，庄子也就拥有了自由的思想空间，历史上才有了一个杰出的思想家；孟子在生和义"不可得兼"时，他果断地提出要舍弃了"生"，而选取"义"。即使牺牲生命，也要求得思想的自由，这又是何等英明，于是在我国的思想史上一个"亚圣"出现了。

为了拥抱自由而做出的舍弃是真正的伟大。文学家老舍为了创作的自由，绝不向邪恶势力低头，即使沉尸湖底，他也要立着去见上帝，那是怎样的信念。在人类的进步事业中，有多少仁人志士为了自己的自由，甚至是为了让更多的人获得真正的自由，放弃个人的利益甚至生命，勇于牺牲，无怨无悔。这种舍弃是真正的伟大。

没有放弃就没有获得，没有舍弃就没有自由。有位哲人说："放开你的手吧，因为世上还有比你手中更重要的东西。"道理是如此简单，劝告也是警示，每一个有理想有抱负的人都会从中得到启示：不要贪婪，莫要彷徨，如果想获得某种东西，就必然要舍弃另一种东西。舍弃不会一无所得，自由也不是你的专利。

切记：善于舍弃，才能拥抱自由。

《庄子·内篇·养生主》曰："泽雉十步一啄，百步一饮，不蕲畜乎樊中。神虽王，不善也。"在庄子的眼中，野鸡为了生存，十步一啄，百步一饮，一天到晚四处找食。虽然如此，但它觉得很快乐，因为野鸡没被关在笼子里。而那些被关在笼子里的动物，虽然不必四处觅食，可它们都为此付出了沉重的代价。自由是珍贵的，一旦失去了就再也无法挽回，这也是做人的道理。

失去自由的生命毫无生气

戴晋生是个很有才华的人，魏王听说后，便把他请到王宫中面谈。谈话间，魏王见他气度不凡，应是经国济世之才，于是要让戴晋生在朝中做官，赐给优厚的俸禄。

戴晋生却拒绝了，他说："您见过那沼泽荒地中的野鸡吗？没有人用现成的食物喂养它，全靠自己辛苦觅食，总要走好几步才能啄到一口食，常常是用整天的劳动才能吃饱肚子。但是，它的羽毛却长得十分丰满，光泽闪亮，能和天上的日月相辉映；它振翅飞翔，引吭长鸣，那叫声弥漫在整个荒野和山陵。您说，为什么会这样呢？因为野鸡能按自己的意志自由自在地生活，它不停地活动，无拘无束地来往于广阔的天地之中。现在如果把它捉回家，喂养在粮仓里，使它不费力气就能吃得饱饱的，它必然会失去原来的朝气与活力，羽毛会失去原有的光润，精神衰退，垂头丧气，叫声也不雄壮了。"

"您知道这是什么原因吗？是不是喂给它的食物不好呢？"

"当然不是。只是因为它失去了往日的自由，禁锢了它的志趣，它怎么会有生气呢！"

自由是比任何物质的享受都要珍贵的，野鸡尚且如此，更不用说人了。在生活中，自由的内涵是丰富的：对于一个身陷囹圄的人来说，想去哪就去哪，就是自由；对于一个疾病缠身的人来说，拥有健康就是自由……

同时，自由也是珍贵的，不要等到失去时才后悔莫及。对于一个渴望自由的人来说，做一只自由游走的野鸡远比困在樊笼里的孔雀要幸福，因为自由永远都是无价的。

有两只老虎，一只在笼子里，一只在野地里。

在笼子里的老虎三餐无忧，在野地的老虎自由自在。两只老虎经常进行亲切的交谈。

笼子里的老虎总是羡慕外面老虎的自由，外面的老虎却羡慕笼子里的老虎安逸。

一天，一只老虎对另一老虎说："咱们换一换。"另一只老虎同意了。

于是，笼子里的老虎走进了大自然，野地里的老虎走进了笼子。从笼子里走出来的老虎高高兴兴，在旷野里拼命地奔跑；走进笼子的老虎也十分快乐，再不用为食物而发愁。

　　最终的结果却是一只是饥饿而死，一只是忧郁而死。从笼子中走出来的老虎获得了自由，却没有同时获得捕食的本领；走进笼子的老虎获得了安逸，却没有获得在狭小空间生活的心境。

　　适合的才是最好的。许多时候，人们往往对自己的幸福熟视无睹，而觉得别人的幸福却很耀眼。实际上，别人的幸福也许对自己并不适合，别人的幸福也许正是自己的坟墓。这个世界多姿多彩，每个人都有属于自己的位置，有自己的生活方式，有自己的幸福，何必去羡慕别人？安心享受自己的生活，享受自己的幸福，才是快乐之道。

　　庄子告诫，一个人要从重重束缚和限制中摆脱出来，达到自由的境界。这自由究竟是怎样的自由，如何获得自由？著名儒家学者徐复观先生认为，庄子告诉人们的自由方式是精神的自由，一个人身体的自由算不上自由，只有精神的自由才是真正的自由。

　　无论如何，一个人都要有自己的自由精神，否则，就只能拾人牙慧，成为别人的精神附庸，永远活不出真实的自己，又何谈自由？

自由驰骋的心

　　普鲁斯特是法国著名作家，他所开创的意识流写作方法已成为现代小说一大奇观。

　　普鲁斯特出身于一个家境殷实的环境里。他是体弱多病而有才华的年轻人，酷爱书籍和绘画，经常出入巴黎社交场合。

　　他在一次疗养过程中爱上了一个叫阿尔贝蒂娜的姑娘，求爱遭到拒绝，后来姑娘态度有所改变，他更加狂热地爱恋着她，想把她迎娶回家。但是那位姑娘却不辞而别。他到处找寻，最后得知她已突然死去。

普鲁斯特深感绝望，在绝望之中，他决定从事文学创作，写出一生经历的悲欢苦乐。因为他身患疾病，所以他几乎足不出户，一生都缠绵在病榻之上，连阳光都很少见。然而他凭借着自己的思想在精神领地与语言疆土上自由驰骋，在病榻上开创了意识流的写作方法。

20世纪最伟大的意识流派文学作品《追忆逝水年华》就是这样在病榻上写就的。

普鲁斯特因疾病困在病榻之上，不能自由行走在繁华的世界中，但是普鲁斯特有一颗自由驰骋的心灵，所以他就能够依靠心灵在世间飞驰。

庄子曾经用一个很特殊的词来描述精神自由：坐驰。怎样才能坐驰呢？就是坐在那里，身体不动，心灵在宇宙之间自由飞翔驰骋。一个人的肉体是可以被羁绊的，但是一定不要给心灵戴上枷锁。

一个人如果能够保持心灵的自由飞翔驰骋，那他在人间就获得了真正的自由。

为了拥抱自由而做出的舍弃是动人的美丽。儒家"至圣"孔仲尼舍弃了诸侯君主的"重用"，去研究他喜爱的儒学，于是他获得传播思想的自由，那该是何等的惬意；晋代大诗人陶渊明舍弃了误落的"尘网"，回到了他向往的田园，于是有了"开荒南野际"的自由，那该是何等的欢快；严子陵舍弃了皇帝的"挽留"，回到了他钟爱的富春江，于是有了身心的自由，那该是何等的潇洒；诗仙李白舍弃了"供奉翰林"，回到了他喜爱的名山大川，于是有了漫游祖国山河的自由，那该是何等的豪放；文学家苏轼舍弃了对权势的追求，回到自己思想世界里，于是有了"也无风雨，也无晴"的自由，那该是何等的风度。

他们的舍弃为人们诠释了自由，自由是惬意，自由是欢快，自由是潇洒，自由是豪放，自由是大度。世界上没有了舍弃，就没有了动人的自由。

第 8 章

马克思：一步实际行动比一打纲领更重要

人的一生，总有种种的憧憬、理想、计划，总会进行各种沙盘兵棋的推演。但是，有憧憬而不去抓住，有理想而不去实现，有计划而不去执行，没有任何行动，那么一切方案都是废纸一张，一切希望都是幻想一场。与其为自己的失败找借口，还不如及时、高效地行动起来，为成功找个正确的出口。

第一节　收获不是"等"出来的

不要去等待成功

人们现在所生活的时代，是一个到处可见差距的时代，是一个追赶却总是追赶不上的时代。

有人买了房子，而自己却没有；有人买了车子，自己却没有。好不容易买了普通商品房，一看别人，却又买了复式别墅；某天刚买了代步的二手车，回头看看，别人却已经换成了奔驰或者宝马……

相比之下，人们总是要自问："我为什么不成功？"是啊，为什么不成功呢？这个问题，在很多人的头脑中都出现过……

是智商低吗？可别人并不见得比自己聪明多少。是学历不够高吗？可很多比自己成功的人却未必比自己多读几遍书。是方法不对吗？可你也有很多思路啊。是努力不够吗？可很多比自己成功的人都没那么卖命……

在很多时候，人们不成功，其实都是因为安于现状！安于现状让人失去努力的原动力，安于现状就是在原地等待一成不变的未来，安于现状等于不想要更好的。连自己都不想要争取，又怎么可能得到呢？

安于现状让人忽视危机的存在。今天，或许正为已经拿到薪水而沾沾自喜，不注意继续学习怠慢工作。明天，极可能就会行走在漫漫的求

哲学与人生——感悟人生的指南

职路上。安于现状让人漠视更高的目标；看不到更高的目标，自然就不可能达到更高的目标。

无论做什么，都会有做得最好的，就算再难做，也会有人把它做得风生水起。做生意也好，做人也好，成功都是靠做出来的，而不是说出来，等出来的。

很多事情不一定要先把目标定得多大多远，而是要靠脚踏实地地去做。把手头的事情做好做细，实现了眼前目标，再去做更大的目标也不晚。要想成功，还是脚踏实地勤勤恳恳地去做。只有付出，才会有收获。要想成功，还是快快地拿出实际行动做吧！

机会是创造出来的

机会不是等出来的，假如一味地坐等机会的降临，即便是机会真的出现了，也难把握得住。只有充满自信，积极进取，才有可能创造出更多的机会，并抓住它。否则的话，机会恐怕永远会与自己擦肩而过。

量变达到质变。机会有时候就像买彩票，自己得坚持买才能中奖。总不能等中奖彩票自己落面前吧！也就是说，去做，去学习，去准备……动起来，才能迎来机会，才能抓住机会。

生命不是短程赛跑，假如能从内心深处激发出力量，就没有任何一条路会显得遥远。成功没有捷径，天下没有免费的午餐，避免搭上任何一列看似马上会使自己立即通往财富、名誉、权利捷径的快车；用自己的脚去丈量成功的路程，如果你想提前到达，那就让自己跑起来。

记住，人生不是等出来的美丽，而是走出来的辉煌！

第二节　不要在空想的温床上昏睡不起

不要做空想的逃避者

西方精神分析学大师弗洛伊德将空想命名为"白日梦"。他认为，白日梦就是人在现实生活中由于某种欲望得不到满足，于是通过一系列的幻想在心理上实现该欲望，从而为自己在虚无中寻求到某种心理上的平衡。

弗氏理论还提出了一个关键性的词：逃避。也就是说，过分沉湎于空想的人必定是一个逃避倾向很浓的人。此言一语中的。这正是空想带给人的极大危害性。

幻想的翅膀需要踏实的脚

一年夏天，一位来自马萨诸塞州的乡下小伙子登门拜访年事已高的爱默生。小伙子自称是一个诗歌爱好者，从7岁起就开始进行诗歌创作，但由于地处偏僻，一直得不到名师的指点，因仰慕爱默生的大名，所以千里迢迢前来寻求文学上的指导。

这位青年诗人虽然出身贫寒，但谈吐优雅，气度不凡。老少两位诗人谈得非常融洽，爱默生对他非常欣赏。

临走时，青年诗人留下了薄薄的几页诗稿。

爱默生读了这几页诗稿后，认定这位乡下小伙子在文学上将会前途无量，决定凭借自己在文学界的影响大力提携他。

爱默生将那些诗稿推荐给文学刊物发表，但反响不大。他希望这位青年诗人继续将自己的作品寄给他。于是，老少两位诗人开始了频繁的书信来往。

青年诗人的信写了长达几页，大谈特谈文学问题，激情洋溢，才思敏捷，表明他的确是个天才诗人。爱默生对他的才华大为赞赏，在与友人的交谈中经常提起这位诗人。青年诗人很快就在文坛有了一点儿小小的名气。

但是，这位青年诗人以后再也没有给爱默生寄诗稿来，信却越写越长，奇思异想层出不穷，言语中开始以著名诗人自居，语气越来越傲慢。

爱默生开始感到了不安。凭着对人性的深刻洞察，他发现这位年轻人身上出现了一种危险的倾向。

通信一直在继续。爱默生的态度逐渐变得冷淡，成了一个倾听者。

很快，秋天到了。

爱默生去信邀请这位青年诗人前来参加一个文学聚会。他如期而至。

在这位老作家的书房里，两人有一番对话：

"后来为什么不给我寄稿子了？"

"我在写一部长篇史诗。"

"你的抒情诗写得很出色，为什么要中断呢？"

"要成为一个大诗人就必须写长篇史诗，小打小闹是毫无意义的。"

"你认为你以前的那些作品都是小打小闹吗？"

"是的，我是个大诗人，我必须写大作品。"

"也许你是对的。你是个很有才华的人，我希望能尽早读到你的大作品。"

"谢谢，我已经完成了一部，很快就会公之于世。"

文学聚会上，这位被爱默生所欣赏的青年诗人大出风头。他逢人便谈他的伟大作品，表现得才华横溢，咄咄逼人。虽然谁也没有拜读过他的大作品，即便是他那几首由爱默生推荐发表的小诗也很少有人拜读过。但几乎每个人都认为这位年轻人必将成大器。否则，大作家爱默生怎会如此欣赏他吗？

转眼间，冬天到了。青年诗人继续给爱默生写信，但从不提起他的大作品。信越写越短，语气也越来越沮丧，直到有一天，他终于在信中承认，长时间以来他什么都没写。以前所谓的大作品根本就是子虚乌有之事，完全是他的空想。

他在信中写道："很久以来我就渴望成为一个大作家，周围所有的人都认为我是个有才华、有前途的人，我自己也这么认为。我曾经写过一些诗，并有幸获得了阁下您的赞赏，我深感荣幸。"

"使我深感苦恼的是，自此以后，我再也写不出任何东西了。不知为什么，每当面对稿纸时，我的脑中便一片空白。我认为自己是个大诗人，必须写出大作品。在想象中，我感觉自己和历史上的大诗人是并驾齐驱的，包括和尊贵的阁下您。"

"在现实中，我对自己深感鄙弃，因为我浪费了自己的才华，再也写不出作品了。而在想象中，我是个大诗人，我已经写出了传世之作，已经登上了诗歌的王位。"

"尊贵的阁下，请您原谅我这个狂妄无知的乡下小子……"

从此后，爱默生再也没有收到这位青年诗人的来信。

爱默生告诫人们："当一个人年轻时，谁没有空想过？谁没有幻想过？想入非非是青春的标志。但是，我的青年朋友们，请记住，人终究是要长大的。天地这样广阔，世界这样美好，等待你们的不仅仅是需要一对幻想的翅膀，更需要一双踏踏实实的脚！"

第三节　用勇气和决心打造行动力

练就行动力的重要性

行动力可以练就吗？其实一直以来都有人质疑"天赋"这回事。不妨假设天赋真的存在，有人天生具备诸如文学、音乐、绘画等天赋，那么，真是太糟糕了！因为天才实在少之又少，社会发展、进步的重任全部落在他们肩上，岂不是太为难他们了？

为了揭示"黑匣子"的奥秘，科学的研究方法至关重要。在严密的调查没有开展之前，先罗列出十几种方法，这些方法并非臆造，而来自于各个阶层，包括金融、服务、生产、政府机关等各种社会组织机构。其个性、职位也各不相同。但是，他们有一个共同点，那就是已经被证明为行动卓有成效的人，他们的业绩说明一切。

同时，科学家们耗时两年，分发了三千多份调研问卷，收回的有效问卷是 1546 份，当这份沉甸甸的一手资料摆在桌前，研究人员终于可以有信心说：“我们弄清了‘黑匣子’里面的奥秘。”

通过有效问卷和与这些行动卓有成效人士的探讨，科学家们逐渐坚定一个观点：行动力并非与生俱来，而是通过后天的实践、总结、提升、再实践……如此循环往复练就出来的。

行动力不是“天赋”，而是通过后天反复练习形成的一种习惯，就像人们背诵乘法口诀一样，不需要特殊禀赋，只要方法得当，勤奋用功，人人都可以掌握。习惯是通过反复练习形成的条件反射，行动力是一种习惯，行动力是可以练就的！

有两个工匠，一个人用短短几天时间搭建了一个小木棚，随后迫不及待地住了进去。另一个人却耗费了十几年的时间建造起一座大厦。

确实，搭建小木棚简单、迅捷；建造大厦却费时费力。可是，大厦不但用途更广、住人更多，而且伫立在风雨中，纹丝不动，而木棚早已不知踪影。

世上任何急功近利的行为都难以长久，这是自然的规律，谁也不可能逾越。在短期内，或许能够用“快捷方式”取得明显成功，可以给人留下深刻印象，可以引人注目。但是从长期来说，自然规律制约着生活的所有领域，收获无法弄虚作假。

所以，不要寄希望于获得什么灵丹妙药，帮助你一蹴而就，掌握行动力系统；只有持之以恒，持续改善，才会逐步提升，成就卓越。

哲学与人生——感悟人生的指南

练就行动力的方法

一、时刻牢记目标

经营之神松下幸之助说："行动之所以失败，绝大部分是因为事先没有制定正确和完美的目标。"缺乏行动力的首要表现就是行动没有明确的目标导向，要么浑浑噩噩一通乱忙，要么陷于处理紧急事件的泥沼之中，成果却寥寥无几。

最无效的事情莫过于浪费很多时间去从事一件根本没必要做的事情。只有在行动之前，明确通过行动需要达成的目标，并且在行动充分展开的过程中时刻牢记目标，清除与目标无关的冗余事务，才能集中力量取得成果，牢记目标是行动力的前提。

目标应该与你的期望、价值观和信念保持一致。当目标与价值观协调一致的时候，你将会更出色地管理时间，行动将更有效率。

二、清除障碍

行动通往成果的路途中，不可能一直在坦途上行走，必然面临着各种荆棘和艰险。具备清晰明确的目标，如果行动不能持续不断地开展，必然无法最终抵达成功的彼岸。有多少目标半途夭折？只有坚持不懈地持续行动，清除障碍，攻克难关，才能摘得成功的果实。不管目标有多大，多么遥不可及，只要坚持每天做与实现目标相关的事情，脚踏实地，总有一天，目标会实现。清除障碍是行动力的保障。

三、做有效的事

从行动到达成果有很多条道路，这些道路中，有的坎坎坷坷，荆棘丛生；有的是死路，根本无法走通；有的是反方向的，走得越快离目标反而越远。做有效的事，就是找到那条方向正确、距离最短（最接近直线）、坎坷最少的道路。做有效的事是行动力的核心。

四、让石头在水里浮起来

怎样能使石头在水里浮起来？答案是：当水流足够快的时候。记住：从行动到达成果的过程是有时间限制的，如果越过了期限，一切付出都没有意义，一切努力都将付诸东流，所以，只有提升速度，在有限的时间内取得更多的成果，才是高行动力的真正表现。追求速度是行动力的必然要求。

五、把自己想象成高行动力人士

很多运动员（如体操、举重、跑步、跳远、跳高等）在做真正的肢体动作之前，都会在脑海中默想一遍。这对于动作的成功完成增益匪浅。为什么？因为心理预演帮助你加深印象，以便使意识和行动更协调一致；而且，想象自己的最佳状态，还缓解了紧张情绪，增强自信。

将自己想象成已经具备高行动力的人，目标规划得当，行动有条不紊，效率卓越，成果显著，这些脑海中的影像将被潜移默化为潜意识，成为你行动的一部分。你一定有过这样的经验，当你在脑海中想象自己一切准备就绪，你就会抖掉"压力包袱"，神采飞扬地开展行动了。

把自己想象成高行动力人士，就会通过潜意识固化这一形象，进一步作用在行动上，帮助自己练就高行动力。

六、和他人分享

有一个非常好的方法，就是想象自己是讲授"行动力"的老师，准备向朋友和部属讲授一个学期的"行动力"课程。这个方法可以极大地提升你对行动力理论和实战方法的理解，你将很快很牢固地掌握行动力原则、方法、技巧等。专家发现，如果人们在学习新知识和技能的时候将所学教授给别人，那么他接受和掌握新知识、技能的速度要比单纯学习快得多。

实际上，为了将行动力系统梳理清晰，并形成文字，然后教授给别人，很多成功人士成为行动力系统的最大受益者，正是通过与人分享的过程，他们对行动力系统的领悟日益深刻，并且不断产生新的认识。

"教学相长"的道理，相信每一位为人师者一定深有体会。如果要教给别人"一杯水"容量的知识，你自己必须具备"一桶水"的容量，否则，你就无法让别人信服你。把知识教授给别人可以促进你学习的速度和深度。

因此，学会与别人分享你的学习成果，这是一个互惠的过程，别人在吸取你的分享内容时，你也巩固和提升了自己的学习成果。

七、成为榜样

榜样就是让自己尊敬，并且在某一方面有意模仿的对象。比如，一个练习书法的人把王羲之视为榜样，临摹他的字体和学习崇高的人品；一个学习绘画的人把凡·高视为榜样，临摹他的画作。每个人都有自己的榜样，而且，榜样可能有很多个，不同的领域会有不同的榜样。

想过成为别人的榜样吗？有人可能会说"不"！想一想，自己为什么不能成为别人的榜样呢？只要自己在某一方面做得足够好，就完全可以成为别人的榜样。事实上，卓有成效的行动者都是很好的榜样，他们以身作则，以自己的行动告诉人们"应该做什么，应该如何做"等一系列问题。

想象一下，在行动力方面，现在你是很多人的榜样，一言一行都有很多人密切关注并模仿。那么，你应该如何表现自己？如何让自己做得更好？想到这些问题，你就会努力做得更好。

八、寻找标杆

标杆就是做得最好的，是值得模仿的榜样。这个方法正好与上一个方法相辅相成。前者是模仿最优秀的人，后者是想象别人模仿自己。两种方法都非常有效。

凯西是某大型商场的专柜导购员，她还管理着 20 多名商店导购员，她热爱本职工作，兢兢业业，尤其是为顾客着想的精神，更是被她发扬到极致。有一次，一位顾客不小心碰倒了专柜里的花瓶，这绝非一般的花瓶，而是有半人多高，制作精良、价格不菲的花瓶，而伴随着"啪"的一声，它成了支离破碎的一堆垃圾。在场的人都惊呆了，那位碰倒花瓶的顾客也不知所措地愣在原地。凯西立刻赶到现场，她不仅没有责怪任何人，更没有追究谁的过错，而是对那位顾客说："对不起，没有伤到您吧？"顾客摇摇头。凯西掏出手帕，弯身为顾客擦拭溅到裤脚上的水，她接着说："让您受惊吓了，我们会妥善处理，并且将重新考虑花瓶摆放的位置，以免再次发生类似情况。"凯西的表现让在场的所有人点头称赞。

凯西在商场工作了将近二十年，每年都被评为最佳员工。后来她退休了，但她的精神一直被传扬下来，店里的导购员们每当遇到情况，都会想一想："如果凯西在场，她会怎么做？"以凯西的做法来要求自己。

这就是标杆的力量。模仿标杆的所作所为，用标杆的标准来规范和约束自身行为。

九、给自己下达指令

心理暗示的力量十分巨大。极限挑战运动员最常使用这种力量，每当他们发起新挑战的时候，总是在口中念到"我能行！我能行！"或是"一定可以成功！"通过这种积极的心理暗示，他们可以发挥得更出色。不断对自己说："我可以练就高行动力！我可以练就高行动力！"这一观念将被潜意识所接受，从而对自己的行为产生积极影响。

第四节　想法一定要落实在行动上

很多人之所以最终没能成功，不是因为没有计划，而是由于过分迷信计划，忽略执行，最终一事无成。这也就是人们感慨"秀才造反，三年无成"的原因。

人的一生总有种种憧憬、理想、计划，总会进行各种沙盘兵棋的推演。但是，有憧憬而不去抓住，有理想而不去实现，有计划而不去执行，没有任何行动，一切方案都是废纸一张，一切希望都是幻想一场。与其为自己的失败找借口，还不如及时、高效地行动起来，为失败找个正确的出口。

没有行动，计划再完美也泡汤

小 A 是一个很忙碌的人，他上网下载了一些公开课以及一些颇受好评的演讲稿，隔三岔五就去书店收集有关考研的资料，就连单词书也买了好几本。他开始计划，计划要每天背上 100 个单词，每天看一个公开课，每周看一个演讲，为此他做好了万全的准备，然而等到要实施计划的时候，突然他朋友来了个电话，于是他修改了计划跟朋友出去吃饭，今天缺失的就明天补上；没过多少天，他又因为一些事情打乱了自己的计划，又把那天的任务挪到了第二天。小 A 他努力了，因为他至少看完了几个公开课背了几天单词。但是他有什么成果么？未必。

接下来没多久，他放弃了计划。可问题在于，他觉得自己没做错什么，他确实是想要改变自己，也切实地想要背单词，事实是他也背了，公开课也开始看了，但是他就是觉得任务越堆越多，单词越背越难，变成了一个不可能完成的任务。

更要命的是他开始焦虑，开始抱怨。他觉得自己明明付出努力了，还费那么大劲准备了计划，他开始觉得不公平，为什么别人能背完的单词自己却背不完。

没有行动力的计划只会毁了自己，因为这使人感觉自己已经有所行动了。它会让人觉得能安心。列下计划的你，已经比很多人都接近了目标一步。其实不然，列下计划而没有实施的你，只是一个伪理想主义者而已。

没有行动力的后果便是拖延，拖延之后会让第二天的任务猛增，越拖下去就越难以完成，它会让人开始抱怨不公平，开始觉得时间不够用进而产生焦虑，最后消磨斗志，打击信心。

小 B 想要去旅行，每次她看到朋友上传的旅行照片都会羡慕不已，毫不掩饰对旅行的向往。于是她开始幻想着将来有空了要去哪里，先去三亚，再去鼓浪屿，如果能去下马尔代夫那再好不过了。为此她还煞有其事地上网查阅了各种资料，可很多年过去了，她还是哪里也没去成。

生活的可怕之处就是在这里，有些人可以安于现在的生活，不自卑不敷衍，也能够很淡然地生活下去；有些人想要去远方，想要激情澎湃，不疯魔不成活，即使累倒也活得轰轰烈烈。可尴尬就尴尬在你活在另一种生活里—不上不下。

不上不下的生活，就是一个人非常想要改变自己，却觉得自己像被卡住了一般。明明付出了努力，却不知道付出的努力到哪里去了。明明不甘心就这样生活下去，却又没行动力改变现状。

想要看几本书，朋友推荐了一份书单，没过多久又觉得这些书实在太枯燥又冗长，全部看完太浪费时间，还不如看网上小说；想要去旅行，到处搜集旅行的资料，但觉得实在抽不开时间订票……总是有各种各样美好的想法，却没有一件落实到行动上去，那么那些想法永远无法变成现实。

不行动永远一事无成

谁都不知道明天会发生什么，但只有行动才能决定下一秒你的未来。一百次心动不如一次行动。成功者知道凡事都可以在行动中出现转机，所以，从现在开始，等待者也要立即行动起来。

在《为学》中有一个关于穷和尚和富和尚的故事：

在四川的偏远地区有两个和尚，其中一个贫穷，一个富裕。

有一天，穷和尚对富和尚说："我想到南海去，您看怎么样？"

富和尚说："你凭借什么去呢？"

穷和尚说："一个水瓶、一个饭钵就足够了。"

富和尚说："我多年来就想租船沿着长江南下，现在还没做到呢，你凭什么走？"

第二年，穷和尚从南海归来，把去南海的事告诉了富和尚。富和尚深感惭愧。

每个人可以界定自己的人生目标，认真制定各个时期的目标，但如果你不行动，还是会一事无成。冥思苦想，谋划着自己如何有所成就，是不能代替身体力行去实践的，没有行动的人只是在白日做梦。

想到了就要行动

一位侨居海外的华裔大富翁，小时候家里很穷。在一次放学回家的路上，他忍不住问妈妈："别的小朋友都有汽车接送，为什么我们总是走回家？"妈妈无可奈何地说："咱们家穷！""为什么咱们家穷呢？"妈妈告诉他："孩子，你爷爷的父亲，本是个穷书生，十几年的寒窗苦读，终于考取了状元，官达二品，富甲一方。哪知你爷爷游手好闲，贪图享乐，不思进取，坐吃山空，一生中不曾努力干过什么，因此家道败落。你父亲生长在时局动荡战乱的年代，总是感叹生不逢时，想从军又怕打仗，想经商时又错失良机，就这样一事无成，抱憾而终。临终前他留下一句话：大鱼吃小鱼，快鱼吃慢鱼。"

"孩子，家族的振兴就靠你了，干事业想到了看准了就得行

哲学与人生——感悟人生的指南

动起来，抢在别人前面，努力地干了才会有成功。"他牢记了妈妈的话，以十亩祖田和三间老房子为本钱，成为今天《财富》华人富翁排名榜前五名。他在自传的扉页上写下这样一句话："想到了，就是发现了商机；行动起来，就要不懈努力，成功仅在于领先别人半步。"

生活就像"骑着一辆脚踏车，不是维持前进，就是翻覆在地"，所以行动第一，任何事情都不要拖延，工作时绝对不能把"踩车"的脚松下来，停下来。有了目标后就要马上去做，可以在工作中训练自己养成严格的执行习惯和限时观念，以防止自己松懈。

许多成功人士对行动情有独钟，一般他们先搜集适用的资料，和有关知识相结合，制定出一套实施的计划，接下来，就是付诸行动。"现实是此岸，理想是彼岸，中间隔着湍急的河流，行动则是架在川上的桥梁。"制定了目标，就要立即行动、全力以赴，直至成功。

美国联合保险公司的创办人和总裁克莱门特·斯通就从他坎坷的创业史中由衷地感慨："我相信，'行动第一！'这是我最大的资产，这种习惯使我的事业不断成长。你必须用心搜集事实，没有任何拖延的理由。行动是最重要的部分。"

有人说，心想事成。这句话本身没有错，可是很多人只把想法停留在空想的阶段，而不落实到具体的行动中，因此常常是竹篮打水一场空。当然，也有一部分人是想得多干得少，这种人只比那些纯粹的"心动专家"要强一些，要好一些。因为行动是一个敢于改变自我、拯救自我的标志，是一个人能力有多大的证明。只是去想，全是在说都是虚的，不能看到一点实际的东西。美国著名成功学大师马克·杰弗逊说："一次行动足以显示一个人的弱点和优点是什么，能够及时提醒此人找到人生的突破口。"毫无疑问，那些成大事者都是勤于行动和巧妙行动的大师。在人生的道路上，每个人需要的是：用实际行动来证明自己和兑现曾经计划过的想法！

立刻行动起来，不要有任何的耽搁。要知道世界上所有的计划都不能帮助你成功，要想实现理想，就得赶快行动起来。成功者的路有千条万条，但是行动却是每一个成功者的必经之路，也是一条捷径。

也许有人早已经为自己的未来勾画了一幅美好的蓝图，但是它同时也带来烦恼，感到自己迟迟不能将计划付诸实施，于是寻找更好的机会，或者常常对自己说"留着明天再做"。这些做法将极大地影响你的做事效率。因此，要获得成功，必须立刻开始行动。任何一个伟大的计划，如果不去行动，就像只有设计图纸而没有盖起来的房子一样，只能是一个空中楼阁。

奥格·曼狄诺是美国一位成功的作家，他常常对自己说："我要采取行动，我要采取行动……从今以后，我要一遍又一遍、每一小时、每一天都要重复这句话，一直等到这句话成为像我的呼吸习惯一样，而跟在它后面的行动，要像我眨眼睛那种本能一样。有了这句话，就能够实现我成功的每一个行动，有了这句话，我就能够制约我的精神，迎接失败者躲避的每一次挑战。"

一个人想奔向自己的目标，追求自己的成功，现在就立即行动。"立即行动"，是自我激励的警句，是自我发动的信号，它能使你勇敢地驱走拖延这个坏习惯，帮你抓住宝贵的时间去做你所不想做而又必须做的事。

第五节　积极行动，甩掉拖延的尾巴

不做拖延的人

打算什么时候实现梦想呢？还在等些什么？还有什么没准备好？在等待别人的帮助，还是等待时机成熟？最消磨意志、摧毁创造力的事情，莫过于拥有梦想却一直拖延，迟迟不开始行动。

年轻人最容易染上的可怕习惯，就是遇事明明已经计划好、考虑过甚至已经做出决定了，却仍然犹豫不决、瞻前顾后、不敢采取行动。对自己越来越没有信心，不敢决断，终于陷入失败的境地。

很多人喜欢定计划，在周密、工整的计划中获得部分满足。但是如果不能将计划变为行动，在若干年后看到这张纸只会感到深深的失落，尤其是，当同时起步的朋友已经实现了梦想的时候。

成千上万的人都拥有雄心壮志，为什么很多人没能得偿所愿，甚至在温饱线上挣扎？原因就是大多数人一直在拖延行动。并不是不想行动，只是想过一段时间再开始，这样一拖就是一生。

时常听人说："我知道今天该做这件事，但是今天我情绪不好、状态不好、条件不好、这样那样不好，这件事肯定做不好，还是以后再说吧。"于是他开始拖延。他把该做的事放在一边，去做那些比较容易、比较有趣的事情。成功大师卡耐基说过："没成功之前要做与成功有关的事情，成功之后才可以做自己喜欢的事！"

这件事也许比较乏味、比较有难度，但是，一件事值不值得做，不在于它能带来多少乐趣，而在于它对人格发展、自我完善有多大的作用。其实他只需要强迫自己做一次，就能找到行动的感觉了。一件看起来很难的事情，有时候只需要几分钟就可以开始，就能让自己进入行动的状态，踏上成功之路的第一步，但是往往宁愿拖延一辈子也没付出这几分钟。

为什么行动会这么难？因为行动就意味着要承担一系列的责任，人会下意识地恐惧承担责任。不要害怕承担责任，要立下决心，就一定可以承担任何正常职业生涯中的责任，你一定可以比前人做得更出色。世界上最愚蠢的事情就是推卸眼前的责任、等待"时机成熟"。在需要承担重大责任的时候，应该马上承担它，此时此刻就是成熟的时机。如果不这样做，即使将来的条件比现在更好，谁也不敢肯定时机是否成熟。这样，就什么事也做不了。

造船厂有一种威力强大的机器，能够把一些破烂的钢铁毫不费力地压成坚固的钢板。善于行动的人就像这种机器一样，异常坚定，只要决心去做，任何复杂困难的问题都无法阻止他们。

一个目标明确、胸有成竹、充满自信的人，绝不会把自己的计划拿出来与别人反复讨论，除非他遇到了比他见识高得多、比他能力强得多的人。他有主见，迫切需要行动。不会在徘徊观望中浪费时间，也不会在挫折面前气馁。

只要做出了行动的决定，就要勇敢地去行动。成功的最大诀窍就是：抓住机遇时，在最短的时间采取最大量的行动，抢在别人前面迅速组建团队才能快速做大！因为机遇不但是你的，也是我的，还是大家的，抢先半步，领先一路！

行动力是成功的关键

想要成功，就要树立正确的思考方法和思维方式。成功人士每天都在采取开拓人脉的行动。沟通倍增财富，接触优质的人脉，成功就在脚下！改变自己的想法，才能改变自己的人生，人生由自己说了算！

2003年，在广告行业摸爬滚打10多年的江南春发觉传统媒介代理行业扎堆竞争的惨烈现状，决定另辟蹊径，走"分众"之路，打起了楼宇电视广告的主意——在电梯里安上液晶电视屏。结果这个不起眼的生意居然得到了热烈追捧，他很快得到了来自软银中国第一笔50万美元投资，但同时竞争者也出现了——风头最劲的是同在上海的聚众传媒，做的是一模一样的生意。

这场针锋相对的战争，最终以分众传媒收购聚众传媒而告终。而江南春在竞争中取胜的法宝很简单，只有一个字——"快"。快是绝不拖延的"快"，这个"在电梯里或楼道里安几块电视广告屏"的商业模式，根本没有技术性可言，拼的就是速度，谁的速度快谁就能赢。2004年4月参与联合投资分众传媒1250万美元的红杉中国基金创始合伙人张帆评论说："因为行业竞争壁垒不是很高，聚众在追赶你，其他企业随时可以加进来，只有往前冲，才能把这个做好，所以我们后来就给他制订非常严格的、细化到每周每日的销售目标。"分众传媒最终在与聚众传媒的合并中占据优势——他们采取收购对手而非被收购的行动，也成为楼宇广告中无可撼动的巨无霸。

成功者都能领悟这句格言："拖延等于死亡。"整个事情成功的秘诀在于，形成立即行动的好习惯，才会站在时代潮流的前列，而另一些人的习惯是一直拖延，直到时代超越了他们，结果他们就被甩到时代的后面去了。